Denken und Rechnen 4

Erarbeitet von:

Henner Eidt
Claudia Lack
Roswitha Lammel
Eike Voß
Maria Wichmann

Illustrationen von:
Martina Theisen

westermann

Inhaltsverzeichnis

Der Stoffverteilungsplan im Lehrermaterial kennzeichnet die unverzichtbaren und die zusätzlichen Seiten.

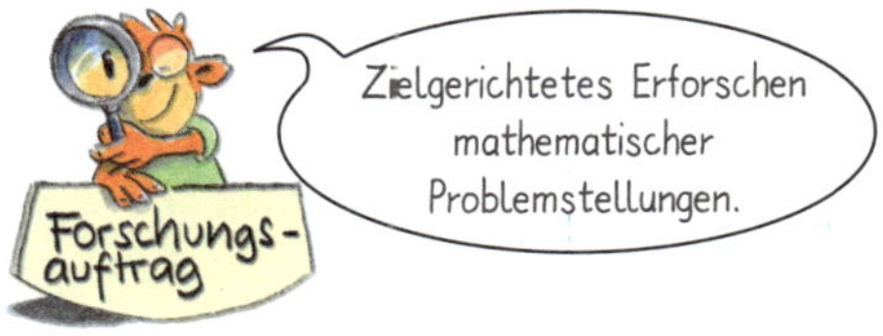

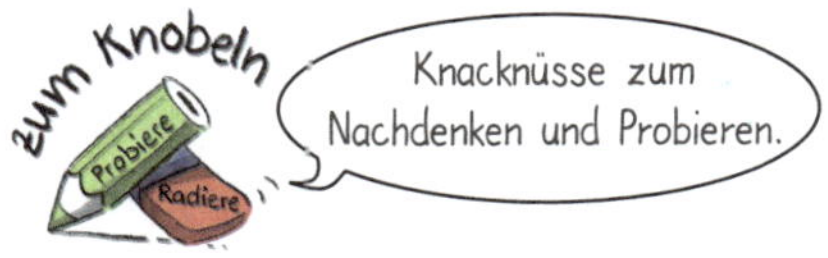

Der Stoffverteilungsplan im Lehrermaterial kennzeichnet die unverzichtbaren und die zusätzlichen Seiten.

Der ICE Köln-Berlin – Entfernungen, Zeitspannen

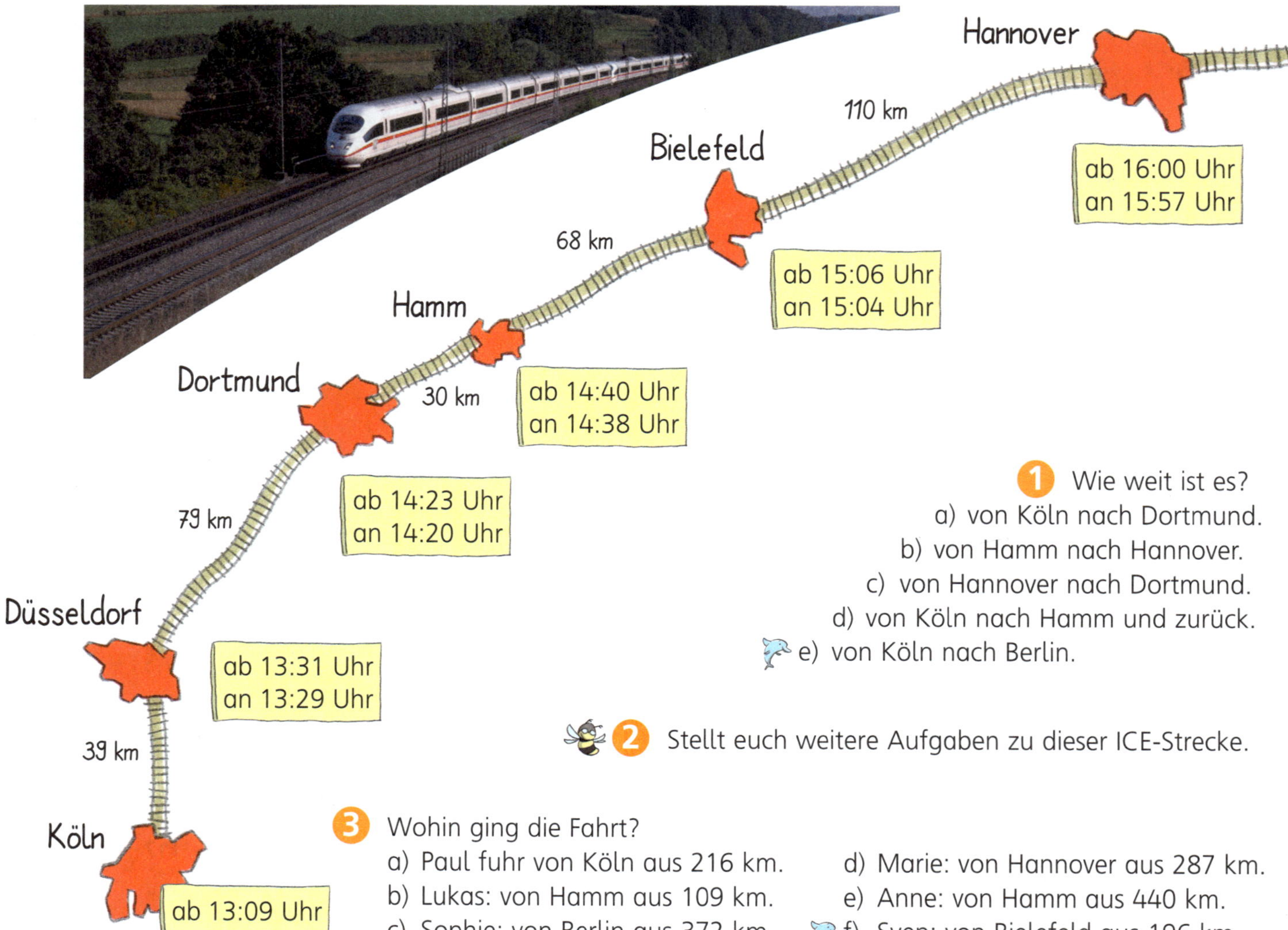

1 Wie weit ist es?
a) von Köln nach Dortmund.
b) von Hamm nach Hannover.
c) von Hannover nach Dortmund.
d) von Köln nach Hamm und zurück.
e) von Köln nach Berlin.

2 Stellt euch weitere Aufgaben zu dieser ICE-Strecke.

3 Wohin ging die Fahrt?
a) Paul fuhr von Köln aus 216 km.
b) Lukas: von Hamm aus 109 km.
c) Sophie: von Berlin aus 372 km.
d) Marie: von Hannover aus 287 km.
e) Anne: von Hamm aus 440 km.
f) Sven: von Bielefeld aus 196 km.

4 Wie lange dauerte die Fahrt?
a) von Köln nach Düsseldorf.
b) von Köln nach Dortmund.
c) von Köln nach Berlin.
d) von Hannover nach Berlin.
e) von Bielefeld nach Berlin.
f) von Hamm nach Bielefeld.
g) von Düsseldorf nach Berlin.
h) von Dortmund nach Bielefeld.
i) von Hamm nach Berlin.

5 Welche Strecke fuhren die Kinder?
a) Franziska fuhr 51 min.
b) Sarah fuhr 20 min.
c) Alexander fuhr 15 min.
d) Tim fuhr 1 h 35 min.
e) Daniel fuhr 2 h 29 min.
f) Jan fuhr 1 h 7 min.
g) Max fuhr 2 h 48 min.
h) Maria fuhr 3 h 12 min.
i) Katharina fuhr 1 h 55 min.

6 Denke dir zu jeder Rechnung einen Aufgabentext aus.
Schreibe ihn auf und gib ihn zum Ausrechnen weiter.

a) 14:40 Uhr —1 h 17 min→ ____ Uhr

b) ____ —1 h 7 min→ 14:38 Uhr

7 234 km, 306 km, 85 km, 397 km **+** 163 km, 75 km, 354 km, 409 km, 587 km

160 km 248 km 309 km 381 km 397 km 439 km 469 km 472 km 494 km 560 km 588 km 643 km 660 km 672 km 715 km 751 km 806 km 821 km 893 km 984 km 999 km

2 und **6** Partnerarbeit.

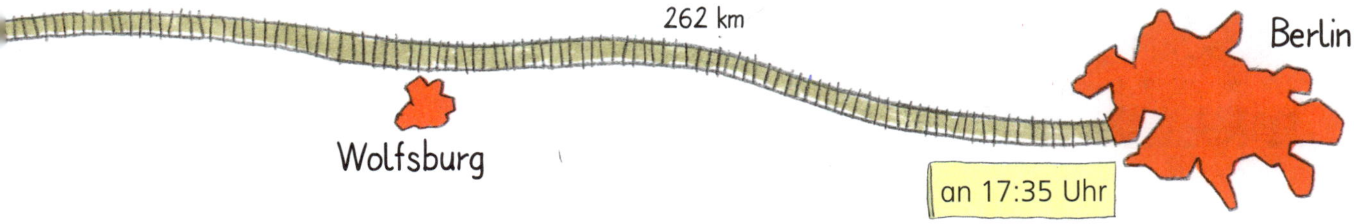

8 Oma möchte von Münster nach Hamburg fahren.

		ICE	IC	RE
Münster	ab	15:55 Uhr	15:45 Uhr	16:05 Uhr
Osnabrück	an	16:19 Uhr	16:14 Uhr	16:58 Uhr
Osnabrück	ab	16:21 Uhr	16:18 Uhr	17:10 Uhr
Bremen	an	17:12 Uhr	17:20 Uhr	18:28 Uhr
Bremen	ab	17:15 Uhr	17:23 Uhr	18:45 Uhr
Hamburg	an	18:11 Uhr	18:18 Uhr	19:58 Uhr

Welchen Zug würdest du empfehlen? Begründe.

9 Herr Schnell möchte von Frankfurt nach Kiel fahren.

		ICE	IC	RE
Frankfurt	ab	10:58 Uhr	10:23 Uhr	09:22 Uhr
Kassel	an	12:17 Uhr	12:20 Uhr	11:18 Uhr
Kassel	ab	12:23 Uhr	12:27 Uhr	11:28 Uhr
Hannover	an	13:15 Uhr	13:50 Uhr	14:04 Uhr
Hannover	ab	13:20 Uhr	13:59 Uhr	14:14 Uhr
Hamburg	an	14:30 Uhr	15:31 Uhr	17:01 Uhr
Hamburg	ab	14:38 Uhr	16:20 Uhr	17:20 Uhr
Kiel	an	15:47 Uhr	17:36 Uhr	18:36 Uhr

Welchen Zug würdest du empfehlen? Begründe.

10 Die alte Bahnstrecke von Köln nach Frankfurt führt am Rhein entlang. Sie ist 221 km lang. Die neue ICE-Strecke durch den Westerwald ist 168 km lang. Vergleiche.

11 Erkennst du Zusammenhänge? Erkläre.

a) 981 − 675
b) 980 − 725
c) 979 − 775
d) 978 − 825
e) 977 − 875
f) 976 − 925
g) 975 − 975
h) 974 − 1025

Sind alle Aufgaben lösbar?

12
a) 1000 − 265
b) 925 − 265
c) 850 − 265
d) 775 − 265
e) 700 − 83
f) 775 − 883
g) 883 − 609
h) 607 − 83

13

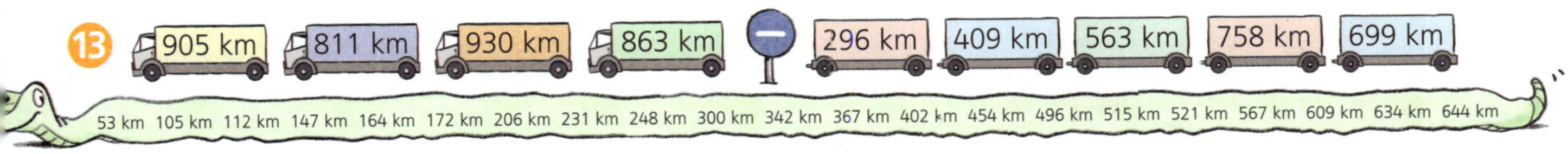

8 und 9 Diff.: Fahrzeiten überprüfen unter www.bahn.de
10 bis 13 Evtl. den Begriff „Differenz" einführen. 11 Die Ergebnisse ändern sich gleichmäßig.

Multiplizieren

1

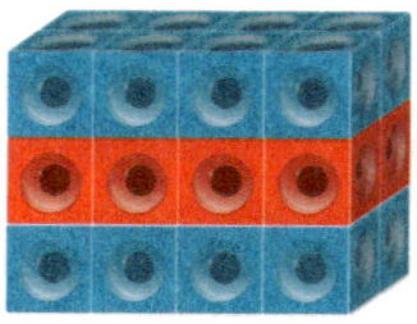

obere Schicht	4 · 2	
mittlere Schicht	4 · 2	**3**-mal
untere Schicht	4 · 2	

Wie viele Steckwürfel wurden verbaut?

3 · 4 · 2 = ______

2 Baut und multipliziert.

a) 

a) 2 · 3 · 3 =

b) 

c) 

d) 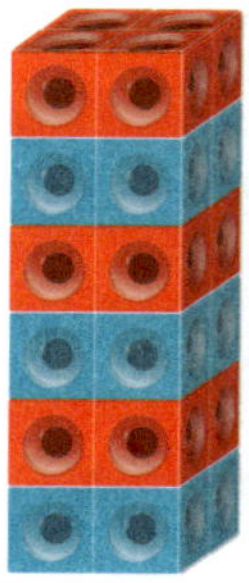

3 Kannst du vorteilhaft multiplizieren? Begründe.

2 · 5 = 10
7 · 10 =

a)	b)	c)	d)	e)
7 · 2 · 5	5 · 2 · 3	8 · 5 · 3	4 · 2 · 4	25 · 2 · 4
2 · 5 · 7	6 · 2 · 3	3 · 8 · 5	3 · 3 · 4	25 · 0 · 5
5 · 7 · 2	7 · 2 · 3	7 · 8 · 5	5 · 2 · 4	25 · 8 · 3
5 · 2 · 8	9 · 2 · 3	5 · 7 · 8	2 · 5 · 4	125 · 2 · 4
8 · 5 · 2	8 · 2 · 3	6 · 7 · 8	4 · 4 · 4	125 · 3 · 4
5 · 8 · 0	4 · 2 · 3	4 · 10 · 2	4 · 10 · 4	125 · 4 · 5

4

a)	b)	c)	d)	e)
9 · 6	7 · 8	8 · 6	6 · 3	9 · 8
90 · 6	70 · 8	80 · 6	__ · __	__ · __
9 · 60	7 · 80	8 · 60	__ · __	__ · __
7 · 4	6 · 4	9 · 4	4 · 5	4 · 3
70 · 4	60 · 4	90 · 4	__ · __	__ · __
7 · 40	6 · 40	9 · 40	__ · __	__ · __

5 Setze die Aufgabenmuster fort.

200	: 10 → □	· 5 → □	: 2 → □	· 3 → □	: 10 → □	: 5 → □	· 3 → □	· 10 → □	: 30 → □
400	: 10 → □	· 5 → □	: 2 → □	· 3 → □	: 10 → □	: 5 → □	· 3 → □	· 10 → □	: 30 → □
600	: 10 → □	· 5 → □	: 2 → □	· 3 → □	: 10 → □	: 5 → □	· 3 → □	· 10 → □	→ □
800	→ □	→ □	→ □	→ □	→ □	→ □	→ □	→ □	→ □

6 Wie viele Würfel passen in die Quader?

A
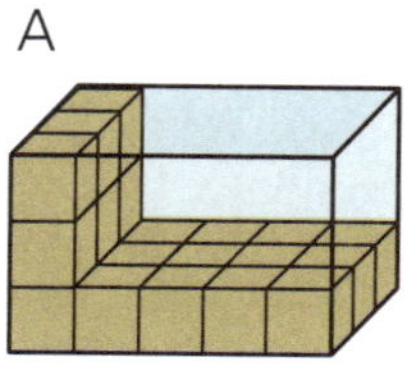

B
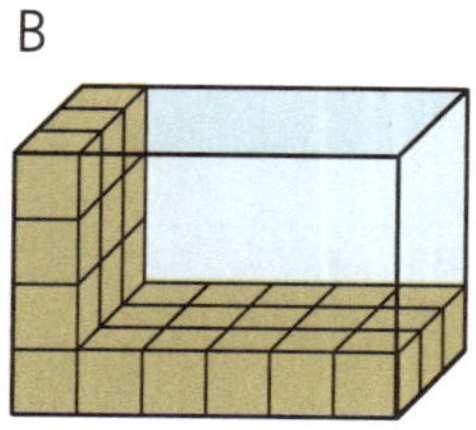

C
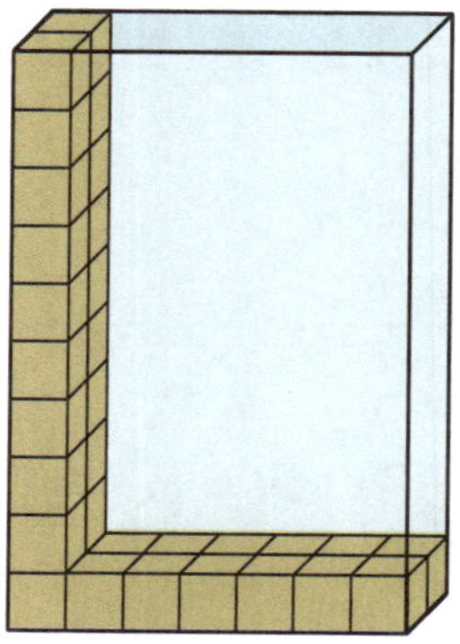

D
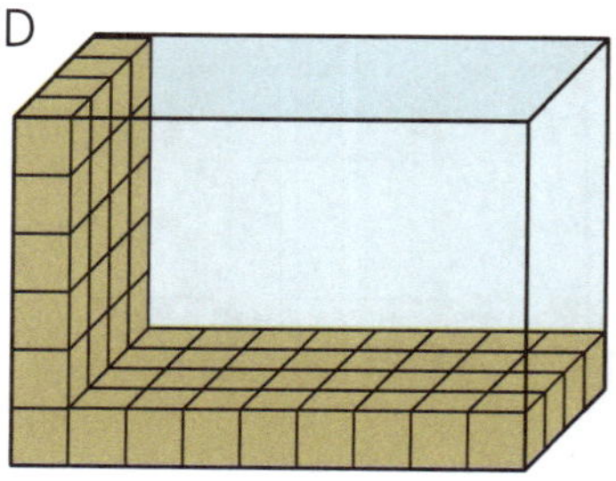

1 bis **4** Evtl. Begriff „Produkt" einführen. **4** d) und e) Offen für eigene Aufgaben.
5 Kopfrechenaufgaben. Evtl. Kopiervorlagen nutzen. **6** Raumvorstellungen entwickeln.

Dividieren

1 Wie viele Würfel sind in jeder Schicht?

a) Tim hat aus 320 Würfeln den Quader A gebaut.
b) Lisa hat den Quader B aus 420 Würfeln gebaut.
c) Emma brauchte für ihren Quader 180 Würfel.
d) Nick baute seinen Quader aus 105 Würfeln.

A

B

2 a) Stell dir vor, du baust aus 480 Würfeln zwei gleich große Quader. Aus wie vielen Würfeln könnte jeweils eine Schicht bestehen?

b) Stell dir vor, du baust aus 360 Würfeln drei gleich große Quader. Aus wie vielen Würfeln könnte jeweils eine Schicht bestehen?

3 Starke Päckchen

a)	b)	c)	d)	e)
28 : 7	30 : 6	40 : 8	25 : 5	35 : 7
280 : 7	300 : 6	400 : 8	___ : ___	___ : ___
280 : 70	300 : 60	400 : 80	___ : ___	___ : ___
32 : 8	36 : 4	56 : 7	18 : 6	81 : 9
320 : 8	360 : 4	560 : 7	___ : ___	___ : ___
320 : 80	360 : 40	560 : 70	___ : ___	___ : ___

4

a)	b)	c)	d)	e)
420 : 6	250 : 50	640 : 8	490 : 70	800 : 4
160 : 40	500 : 100	480 : 60	280 : 4	640 : 20
140 : 2	150 : 3	540 : 6	300 : 1	1000 : 50
810 : 90	300 : 6	450 : 9	250 : 50	900 : 20
320 : 40	210 : 30	200 : 40	640 : 8	960 : 6
720 : 8	720 : 90	300 : 5	300 : 60	560 : 40

5 Starke Päckchen

a)	b)	c)	d)	e)
90 : 30	80 : 4	1000 : 10	60 : 30	120 : 6
160 : 40	100 : 5	810 : 9	160 : 40	210 : 7
250 : 50	120 : 6	640 : 8	300 : 50	320 : 8
420 : 70	140 : 7	490 : 7	480 : 60	450 : 9
630 : 90	160 : 8	360 : 6	700 : 70	600 : 10

6 a)

b)

7 Wie viele Würfel passen in diese Quader?

A
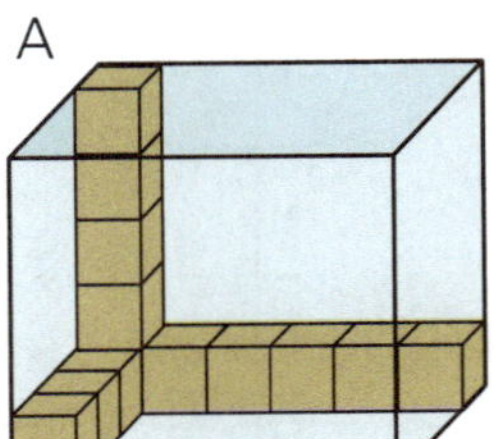
B
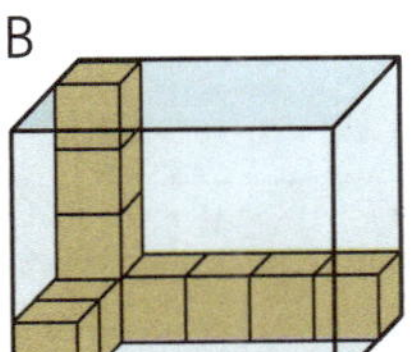
C
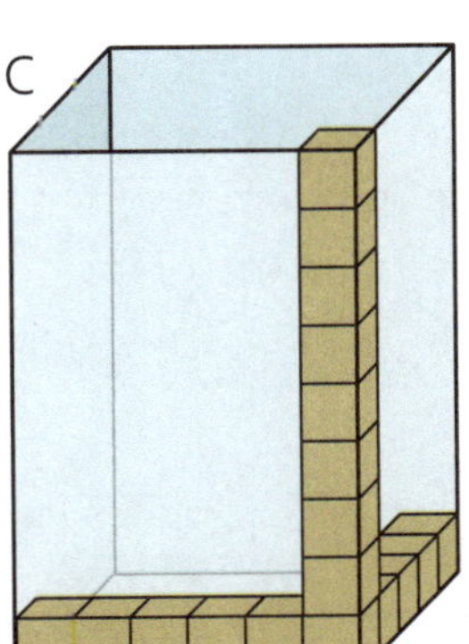
D
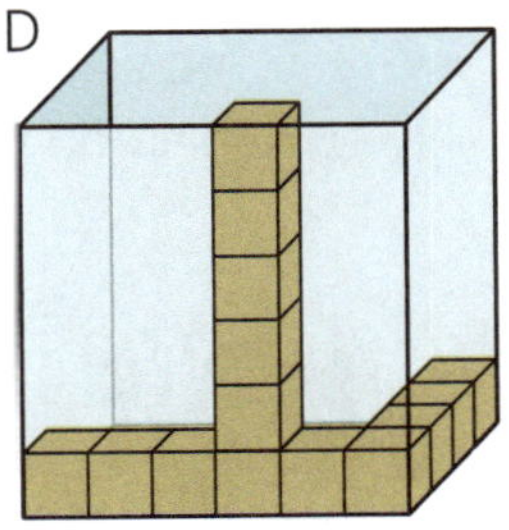

1 bis **6** Evtl. Begriff „Quotient" einführen.
2 Kopfgeometrie. Viele Lösungen. Vorgehensweisen beschreiben.

Grundrechenarten verbinden

1 Rechenkonferenz

2 · 5 | 3 · 5 | 4 · 5

12 · 5   7 · 5

Wo passen die Steine?
Begründe.

Mein Weg:

2 · 5 + 3 · 5 = 5 · 5
3 · 5 + 4 · 5 = 7 · 5
Kathrin

2 · 5 = 10
3 · 5 = 15
10 + 15 = ____
Sarah

2
a) 1 · 8 | 2 · 8 | 4 · 8
b) 3 · 6 | 1 · 6 | 4 · 6
c) 2 · 7 | 2 · 7 | 3 · 7
d) 1 · 9 | 4 · 9 | 5 · 9
e) 3 · 4 | 2 · 4 | 4 · 4 | 5 · 4
f) 3 · 7 | 1 · 7 | 5 · 7 | 4 · 7
g) 2 · 9 | 3 · 9 | 4 · 9 | 5 · 9

3
a) 5 · 6 | 4 · 6 | 3 · 6
b) 2 · 8 | 4 · 8 | 6 · 8
c) 1 · 7 | 4 · 7 | 7 · 7
d) 4 · 9 | 4 · 9 | 4 · 9

4 Hier kannst du geschickt zusammenfassen.

a) 5 · 3 + 2 · 3 (7 · 3)
5 · 4 + 2 · 4
5 · 5 + 2 · 5

4 · 3 + 3 · 3
4 · 4 + 3 · 4
4 · 5 + 3 · 5

b) 2 · 50 + 8 · 50
3 · 30 + 6 · 30
7 · 40 + 2 · 40

6 · 10 + 3 · 10
6 · 50 + 2 · 50
4 · 80 + 5 · 80

c) 1 · 30 + 8 · 30
7 · 50 + 2 · 50
8 · 60 + 2 · 60

5 · 40 + 4 · 40
6 · 80 + 3 · 80
3 · 70 + 4 · 70

d) 6 · 70 + 6 · 70
3 · 80 + 9 · 80
8 · 60 + 3 · 60

9 · 70 + 4 · 70
6 · 60 + 7 · 60
9 · 90 + 8 · 90

21 21 28 28 35 35 90 270 270 360 360 400 450 490 500 600 660 720 720 780 840 845 910 960 1530

5 3 | 6 | 8 | 60 | 70 | 80

a) 3 · 60 + 6 · 70 =

a) Schreibe selbst solche Aufgaben und gib sie zum Ausrechnen weiter.
b) Schreibe die Aufgabe mit dem größten Ergebnis.
c) Schreibe die Aufgabe mit dem kleinsten Ergebnis.
d) Findest du eine Aufgabe mit dem Ergebnis 1 000?

Für jede Aufgabe vier verschiedene Karten verwenden.

6 9 · 40 | 8 · 70 | 6 · 60 | 7 · 50 | 8 · 100 | + | 4 · 70 | 8 · 50 | 6 · 50 | 8 · 30 | 5 · 60

590 600 600 630 640 640 650 650 660 660 660 660 700 750 760 760 800 840 860 860 960 1040 1080 1100 1100 1200

Punktrechnung vor Strichrechnung.
1 und 2 Kopiervorlagen nutzen. 2 Terme oder Zahlen eintragen.

7 

Mein Weg:

9·4 – 5·4 = 4·4
Artur

9·4 = 36
5·4 = 20
4·4 = 16
Daniel

8 a) 

b) 

c) 

d) 

9 

a)
0 · 4
10 · 4
10 · 4
10 · 4
10 · 4
10 · 4
20 · 4
20 · 4
30 · 4
~~50 · 4~~

b)
5 · 6
15 · 6
15 · 6
15 · 6
20 · 6
20 · 6
30 · 6
40 · 6
50 · 6
90 · 6

c)
2 · 5
3 · 5
3 · 5
5 · 5
12 · 5
15 · 5
15 · 5
20 · 5
30 · 5
50 · 5

10 Nutze den Rechenvorteil.

a) 8 · 30 – 5 · 30
9 · 40 – 6 · 40
3 · 20 – 2 · 20

4 · 50 – 3 · 50
6 · 30 – 4 · 30
7 · 20 – 5 · 20

b) 7 · 50 – 0 · 50
9 · 60 – 5 · 60
6 · 70 – 3 · 70

5 · 90 – 3 · 90
8 · 80 – 5 · 80
5 · 60 – 4 · 60

c) 7 · 60 – 6 · 60
9 · 90 – 3 · 90
7 · 80 – 6 · 80

4 · 90 – 2 · 90
8 · 50 – 7 · 50
10 · 30 – 9 · 30

d) 5 · 70 – 3 · 70
8 · 60 – 3 · 60
10 · 10 – 2 · 10

9 · 60 – 7 · 60
7 · 80 – 4 · 80
4 · 90 – 4 · 90

0 20 30 40 50 50 60 60 60 80 80 90 120 120 140 180 180 210 240 240 240 300 320 350 540

11 Erst mal, dann minus.

a) 9 · 30 – 4 · 20
6 · 80 – 3 · 40
7 · 50 – 6 · 30

8 · 40 – 5 · 20
8 · 90 – 7 · 50
7 · 60 – 3 · 80

b) 7 · 70 – 4 · 40
8 · 80 – 3 · 30
6 · 60 – 2 · 20

9 · 90 – 6 · 60
5 · 50 – 2 · 20
10 · 100 – 5 · 50

c) 8 · 70 – 5 · 60
6 · 50 – 4 · 30
9 · 60 – 1 · 90

7 · 80 – 7 · 40
6 · 90 – 3 · 70
5 · 70 – 2 · 80

d) 5 · 90 – 9 · 10
4 · 70 – 7 · 40
8 · 60 – 6 · 80

9 · 40 – 5 · 30
8 · 50 – 9 · 20
7 · 90 – 8 · 60

0 0 150 170 180 180 190 190 210 210 220 220 240 260 280 320 330 330 360 360 370 450 450 550 750

12 

50 60 60 70 80 80 80 90 90 100 260 280 290 310 320 320 320 330 330 400 420 430 520 530 660 670

Rechnen mit Klammern

1

$4 \cdot (20 + 10)$

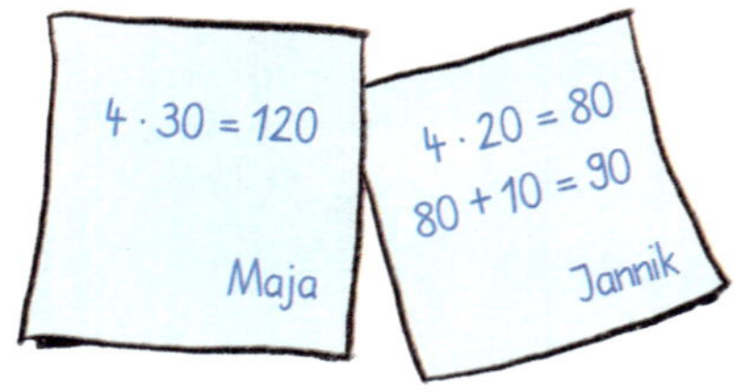

Eine Aufgabe,
zwei Lösungen.
Nur eine Lösung
kann stimmen!

Die Mathematiker haben diese Regel vereinbart:

$4 \cdot (20 + 10)$	Zuerst in der Klammer rechnen.
$4 \cdot \quad 30$	

2 Beachte die Regel.

a)	b)	c)	d)
$3 \cdot (200 + 100)$	$4 \cdot (78 + 22)$	$2 \cdot (270 - 180)$	$8 \cdot (430 - 340)$
$3 \cdot (150 + 50)$	$4 \cdot (90 + 20)$	$2 \cdot (360 - 170)$	$9 \cdot (610 - 520)$
$3 \cdot (150 + 150)$	$4 \cdot (66 + 24)$	$2 \cdot (390 - 60)$	$6 \cdot (630 - 540)$
$5 \cdot (130 + 70)$	$6 \cdot (55 + 55)$	$3 \cdot (210 - 90)$	$5 \cdot (320 - 230)$
$5 \cdot (90 + 20)$	$6 \cdot (48 + 32)$	$3 \cdot (280 - 120)$	$4 \cdot (650 - 590)$
$5 \cdot (63 + 37)$	$6 \cdot (36 + 34)$	$3 \cdot (175 - 25)$	$7 \cdot (530 - 470)$

3

a)	b)	c)	d)
$(270 + 50) : 80$	$(330 + 390) : 90$	$(500 - 10) : 7$	$(300 - 90) : 3$
$(500 + 60) : 80$	$(140 + 130) : 30$	$(480 - 30) : 5$	$(320 - 50) : 9$
$(680 + 40) : 80$	$(160 + 200) : 40$	$(410 - 50) : 6$	$(320 - 0) : 8$
$(300 + 260) : 80$	$(615 + 105) : 8$	$(900 - 90) : 9$	$(800 - 80) : 9$
$(230 + 250) : 80$	$(305 + 325) : 7$	$(610 - 50) : 7$	$(630 - 90) : 6$
$(790 + 10) : 80$	$(185 + 295) : 6$	$(490 - 70) : 6$	$(350 - 70) : 4$

4

5 Welche Rechnung passt zum Text?

a) Addiere zu der Zahl 250 die Zahl 350 und dividiere die Summe durch 5.

A $(250 + 350) : 5$

B $250 + 350 : 5$

b) Multipliziere die Zahl 30 mit der Zahl 7 und subtrahiere 40.

A $30 \cdot (7 - 40)$

B $30 \cdot 7 - 40$

c) Dividiere 490 durch 7 und addiere 30.

A $490 : (7 + 30)$

B $490 : 7 + 30$

d) Subtrahiere 80 von 480 und dividiere durch 10.

A $(480 - 80) : 10$

B $480 - 80 : 10$

5 Partnerarbeit.

Rechenwege – Halbschriftliches Multiplizieren

1 Rechen-konferenz

Jedes Schuljahr hat ungefähr 185 Schultage.
Wie viele Schultage hast du am Ende der 4. Klasse geschafft?

Nina:
185
185
185
+ 185

Tilo:
4 · 185
4 · 100
4 · 80
4 · 5

Mein Weg:

2 Rechne auf deinem Weg.

a) 5 · 65 b) 4 · 283 c) 6 · 374 d) 671 · 7 e) 842 · 3

3

a)	b)	c)	d)	e)
5 · 35	5 · 114	9 · 106	6 · 125	9 · 202
6 · 23	7 · 125	6 · 141	7 · 101	5 · 483
8 · 51	2 · 183	4 · 151	8 · 109	4 · 199
3 · 94	3 · 199	3 · 186	3 · 174	3 · 276
0 · 36	1 · 186	5 · 145	4 · 154	6 · 384

0 0 138 175 186 282 366 408 522 558 570 597 604 616 707 725 750 796 828 846 872 875 954 1818 2304 2415

4 Setze fort.

Starke Päckchen 2

a)	b)	c)	d)	e)
0 · 49	2 · 12	1 · 135	9 · 190	9 · 919
2 · 49	3 · 23	3 · 236	8 · 281	7 · 828
4 · 49	4 · 34	5 · 337	7 · 372	5 · 737
6 · 49	5 · 45	7 · 438	6 · 463	3 · 646

5 Auf dem Schulfest verkaufte der Förderverein 249 Würstchen mit Salat. Eine Portion kostete 3 Euro.

a) Wie viel Geld hat der Förderverein eingenommen?
b) Wie viel hätte der Förderverein eingenommen, wenn eine Portion 2 Euro gekostet hätte?
c) Im letzten Jahr kostete ein Würstchen mit Salat 4 Euro. Das war zu teuer. Deshalb wurden nur 117 Portionen verkauft.
d) Wie viele Portionen für 3 Euro müsste der Förderverein verkaufen, um ungefähr 1 000 € einzunehmen?

a)

Portion	Preis
1	3 €
10	
50	

6 mal

a) 71; 5, 9; 355 ___ ___
b) 42; 3, 6; ___ ___ ___
c) 13; 8, 7; ___ ___ ___
d) 56; 5, 9; ___ ___ ___
e) 118; 4, 3; ___ ___ ___

7 mal — zum Knobeln

a) 42, 560, 480
b) 54, 630, 420
c) 450, 50, 900
d) 240, 12, 20
e) 400, 0, 0

2 Evtl. Tauschaufgabe rechnen. **5** Weitere Aufgaben durch Variieren der Bedingungen bilden.
7 e) Mehrere Lösungen.

Rechenwege – Halbschriftliches Dividieren

1 Rechenkonferenz

Der Busfahrer fährt 485 km in der Woche für unsere Schule.
Wie viel Kilometer sind das an einem Schultag?

Tim	Mona	Artur	Mein Weg:
485 : 5 450 : 5 35 : 5	485 : 5 400 : 5 85 : 5	500 : 5 15 : 5	

2 Rechne auf deinem Weg.

a) 438 : 3   b) 762 : 6   c) 294 : 6   d) 776 : 4   e) 531 : 9

3

a)	b)	c)	d)	e)
85 : 5	396 : 3	219 : 3	203 : 7	98 : 2
96 : 2	886 : 2	448 : 8	333 : 9	760 : 8
99 : 3	84 : 4	603 : 9	608 : 8	581 : 7
144 : 4	936 : 3	96 : 6	656 : 4	602 : 7
147 : 7	365 : 5	856 : 4	51 : 3	801 : 9
138 : 6	368 : 8	378 : 7	642 : 6	748 : 4

16 17 17 21 21 23 29 33 36 37 46 48 49 54 56 67 73 73 76 83 86 89 95 100 107 132 164 187 214 312 443

4 Setze fort. (Starke Päckchen ?)

a)	b)	c)	d)	e)
272 : 8	325 : 5	868 : 4	123 : 3	124 : 4
352 : 8	430 : 5	748 : 4	246 : 3	248 : 4
432 : 8	535 : 5	628 : 4	369 : 3	372 : 4
512 : 8	640 : 5	508 : 4	492 : 3	496 : 4
592 : 8	745 : 5	388 : 4	615 : 3	620 : 4

5 a) Herr Schnell fährt an fünf Tagen in der Woche zur Arbeit. Insgesamt legt er 365 km zurück. Wie viel Kilometer fährt er am Tag?

b) Herr Schnell wechselt seinen Arbeitsplatz und fährt nun in einer Woche nur noch 260 km. Wie weit liegt der Arbeitsplatz von seiner Wohnung entfernt?

c) Frau Schnell arbeitet vier Tage in der Woche und fährt wöchentlich 144 km.

6

	links	oben	rechts	unten
a)	245	7	63	___
b)	144	9	45	___
c)	234	3	12	___
d)	288	6	18	___
e)	520	8	24	___

7

	links	rechts	unten	Feld oben	Feld links	Feld rechts
a)	315	___	45		5	
b)	___	40	184			8
c)	___	36	144			4
d)	12	294	___	3		
e)	15	___	201		3	

Vanille-Möhren-Muffins

FÜR 12 STÜCK
100 g Butter
200 g Möhren
250 g Mehl
2 TL Backpulver
1/4 TL Salz
1/4 TL Zimt / 2 Eier
100 g Zucker
250 g Vanillejoghurt
30 g gehackte Mandeln
12 Papierförmchen

Möhren schälen und fein raspeln. Alle trockenen Zutaten mischen.

Butter zerlassen. Eier mit Zucker, Butter und Vanillejoghurt verquirlen. Mehlmischung zügig unterrühren. Zum Schluss Möhrenraspeln unterheben.

Den Teig in die Förmchen füllen, mit den Mandeln bestreuen. Im Backofen (Mitte, Umluft 170°) 30 Min. backen.

1 Wie viel kosten die Mandeln für 12 Muffins?

Mandeln	Preis
100 g	0,90 €
50 g	
10 g	
30 g	

(: 2)

2 a)

Mehl	
Gewicht	Preis
1 kg	1,20 €
500 g	
250 g	
200 g	
100 g	

b)

Möhren	
Gewicht	Preis
50 g	0,40 €
100 g	
200 g	
250 g	
300 g	

c)

Vanillejoghurt	
Gewicht	Preis
50 g	
100 g	0,60 €
200 g	
250 g	
500 g	
1 000 g	

(: 2)

d)

Zucker	
Gewicht	Preis
1 000 g	
500 g	
250 g	0,30 €
125 g	
100 g	

e)

Butter	
Gewicht	Preis
250 g	1,20 €
200 g	
100 g	
50 g	

(: 5)

f)

Papierförmchen	
Menge	Preis
5	0,80 €
10	
20	
50	

3 Berechnet die Gesamtkosten für 12 Vanille-Möhren-Muffins.

Backpulver, Zimt, Salz, 2 Eier
Gesamtpreis: 45 ct

4 Im Supermarkt kostet die Packung mit 6 Muffins 2,59 €.
Lege eine Preistabelle an.
a) Vergleiche mit den selbstgemachten Muffins.
b) Für welche würdest du dich entscheiden?

5 Die Zutaten für einen Limoblechkuchen kosten 6,53 €.
Wie viel kosten die Zutaten für 2, 3, 4 Kuchen?
Lege eine Preistabelle an.

Limokuchen	
Menge	Preis
1	6,53 €
2	

6 100 g Schokolade kosten ___ €. Für einen Schokoladenkuchen braucht man 300 g. Berechne die Kosten für 2, 3, 4, 5, 10 Schokoladenkuchen.
Lege eine Tabelle an.

Gewicht	Preis
100 g	
300 g	

Aktuelle Preise erkunden. **1** Alternativ zu den Möhren Kokosraspeln verwenden.
6 „Geöffnete" Sachaufgabe: Preis selbst wählen.

Kopfrechnen in Sachsituationen

Rechne im Kopf.

1

2

Die Stadtschule hat 10 Klassen.
In jeder Klasse sind ungefähr 26 Kinder.

3

4

Wie viel Holz wurde für den Rahmen gebraucht?

5

Wie viel kostet eine Kiste Saft mit Pfand?

6

12.30	Jim Knopf ꝏ
12.55	Orson & Olivia
13.20	Skippy, der Buschpilot ꝏ
13.45	Wunschpunsch
14.10	Rocket Power
14.35	Rocket Power
15.00	Gingers Welt
15.20	Neulich auf ...
15.35	Tom und Jerry/ Droopy
16.00	Drache & Co.
16.24	Pfefferkörner
16.50	logo! ꝏ
16.59	Pfefferkörner
17.25	Flipper & ...
17.50	Orson & Olivia
18.15	Baby Looney Toons ꝏ
18.40	Der kleine Bär
18.50	Sandmann ꝏ

Anna sieht fern. Zuerst schaut sie sich „Skippy, der Buschpilot" an und später „Tom und Jerry". Wie lange sieht sie insgesamt fern?

7

Tinas Buch hat 840 Seiten. Wie viel hat sie wohl schon gelesen?

8

Der Zoo in Saarbrücken hat 24 Affen, 18 Flamingos und 21 Pinguine. Wie viele Eulen leben im Zoo?

9

Welcher Honig ist am billigsten?

1,50 € 2,50 € 6,50 €

10

						1 Erwachsener
3	◷	VON	-> NACH	3	◷	
03.05.06	07:48	Koblenz	-> Kassel	03.05.06	11:35	

H: KO-Hbf 07:48 EC9/Mainz 08:43 ICE1507/F-Hbf 09:22 NV

GILT AUF EINGETRAGENER STRECKE
IM NV (S/RB/RE/IRE) VOR/NACH DEN
GEB. ZÜGEN. MAX 2 TAGE JE FAHRT

*Preis EUR ***55,00*

Wie lange dauerte die Fahrt?

Eine Aufgabe ist nicht lösbar.
Diff.: Weitere Aufgaben durch Verändern von Zahlen bilden.

Daten – mein Stammbaum

1 a) Wie heißt der Vater von Opa Manfred?
Wie alt ist er geworden?
b) Mit wem ist Oma Gerlinde verheiratet?
c) Welche von Lenas Uromas leben noch?
Wie alt sind sie jetzt?
d) Wie heißt das Enkelkind
von Fritz Müller?
e) Wie heißt das Urenkelkind
von Else Maas?
f) Zwei Männer sind gleichzeitig Vater,
Großvater und Kind.
Wie heißen sie?

2 Wie alt sind jetzt
a) die Eltern von Lena?
b) die Großeltern von Lena?
c) die Urgroßeltern?

3 Außer Lena sind alle Personen Eltern.
Wie alt waren die Eltern jeweils bei
der Geburt ihres Kindes?

4 Erkunde deine Familiengeschichte.
Zeichne den Stammbaum.

Ergebnisse und Antworten auf Plausibilität prüfen.

Falten – Streifenwürfel, Pustewürfel

1 Der Streifenwürfel

1. Zeichne mit dem Lineal drei Streifen. Jeder Streifen hat fünf Quadrate. Die Seiten der Quadrate sind 4 cm lang. Male die drei Streifen auf beiden Seiten an.

2. Schneide die drei Streifen aus.

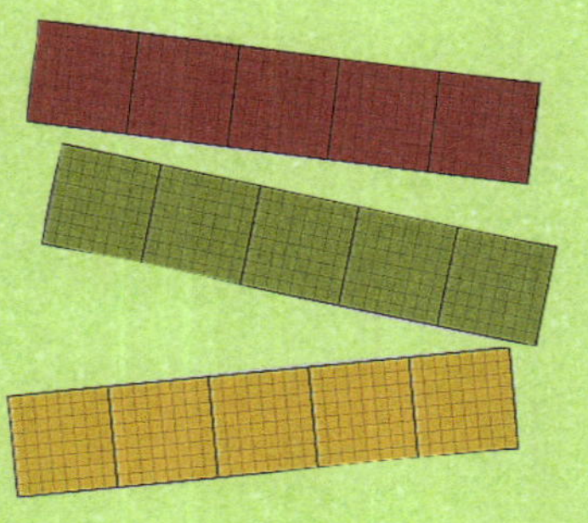

3. Falte die Streifen jeweils viermal.

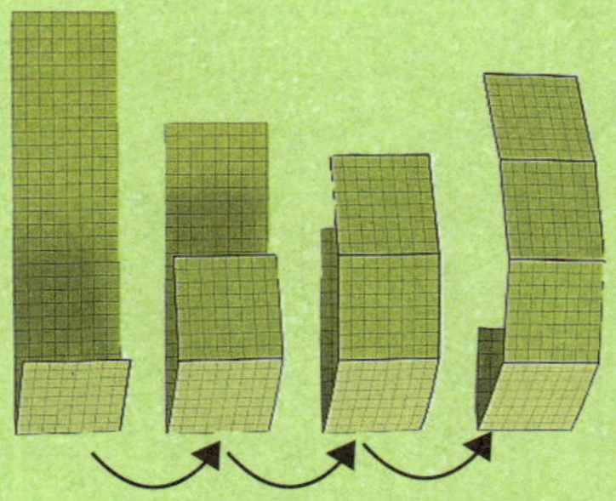

4. Lege aus zwei Streifen ein Kreuz.

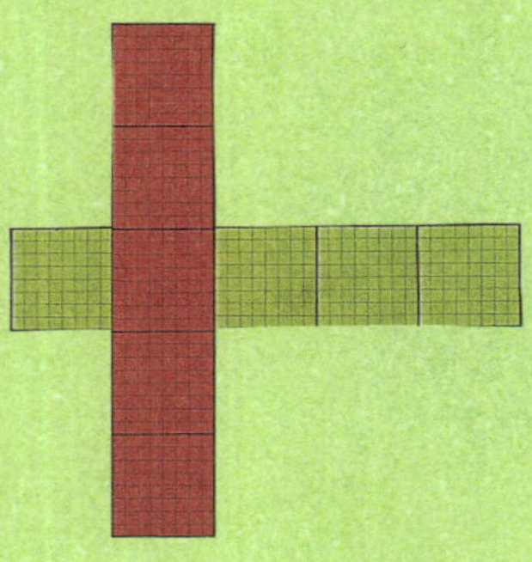

5. Falte den roten Streifen hoch und lege die äußeren Quadrate übereinander.

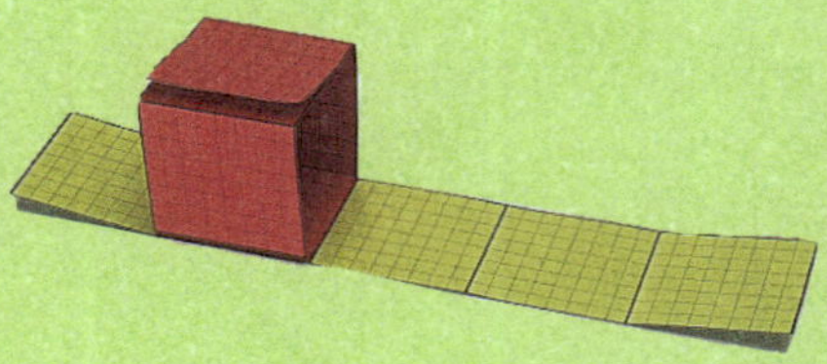

6. Falte den grünen Streifen darüber.

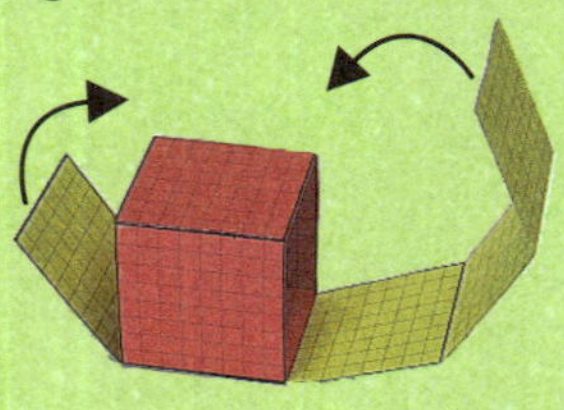

Jetzt sieht es so aus:

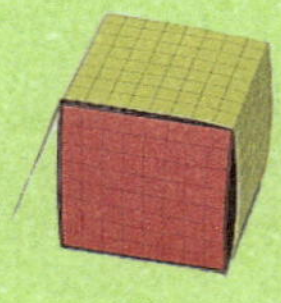

7. Schiebe den gelben Streifen vorne durch.

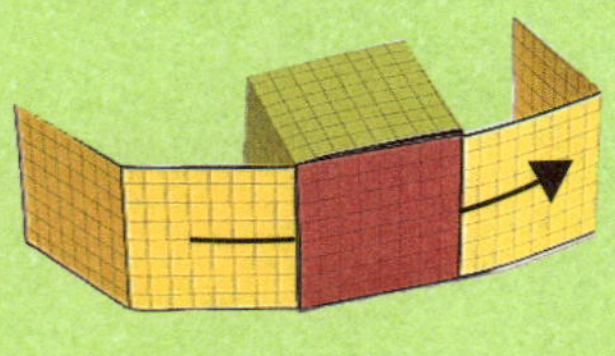

8. Stecke die Enden an den gegenüberliegenden Kanten ein.

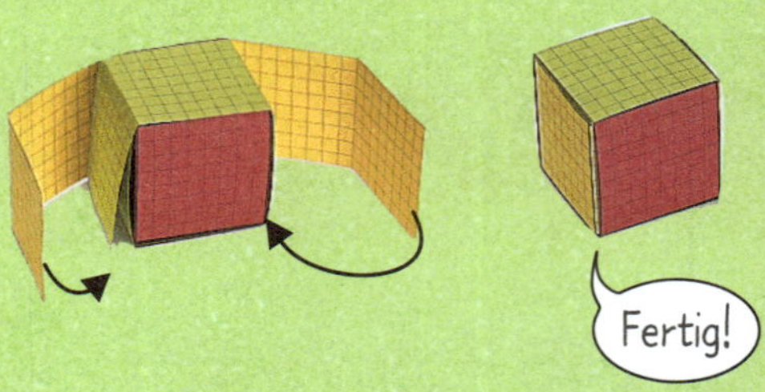

2 Untersuchungen am Streifenwürfel.
a) Aus wie vielen Quadraten wurde dieser Würfel gebaut?
b) Wie viele Quadrate sind noch sichtbar? Fällt dir etwas auf?

3 Mit diesen stabilen Würfeln könnt ihr verschiedene Würfelgebäude bauen.

3 Gruppenarbeit.

4 Der Pustewürfel

1. Falte ein Quadrat in vier Dreiecke.

2. Drücke die Seiten nach innen.

3. Falte die Spitzen A und B nach oben.

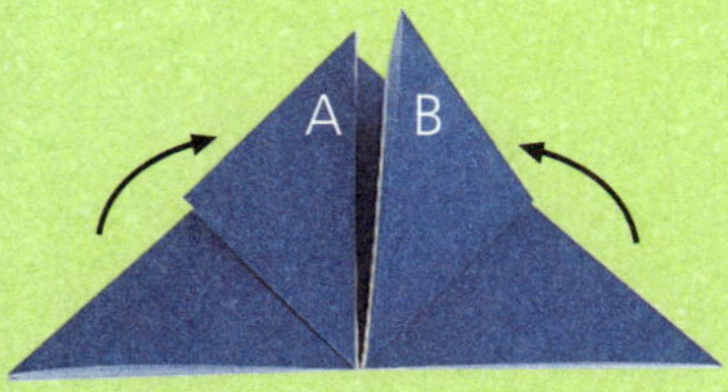

4. Falte wieder auf, knicke die Spitzen bis zur Faltlinie.

5. Falte die Spitzen anschließend nach innen.

6. Wiederhole die Schritte 3 bis 5 auf der Rückseite.

Jetzt sieht es so aus.

7. Falte die rechte Ecke zur Mitte und klebe sie fest.

8. Falte auch die linke Ecke zur Mitte und klebe sie fest.

9. Wiederhole die Schritte 7 und 8 auf der Rückseite.

Jetzt sieht es so aus.

10. Falte die obere und die untere Spitze zur Mitte.

11. Falte sie wieder auf. Wiederhole dies auch auf der Rückseite.

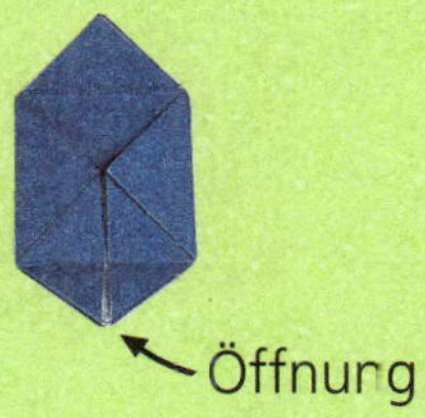

12. An einer Spitze ist eine Öffnung. Puste kräftig hinein. Der Würfel entfaltet sich.

4 Partnerarbeit: Dünnes Papier, z. B. auch Transparentpapier, nehmen: mind. 20 cm x 20 cm.

Große Zahlen

1 Sammelt große Zahlen in Zeitungen, Büchern und im Internet.

Der Mount Everest ist der höchste Berg der Welt. Er ist 8848 m hoch.

Der Mond ist zirka 384 000 km von der Erde entfernt.

Der Rhein ist etwa 1320 km lang.

Die Sonne ist an ihrer Oberfläche 5500°C heiß.

Auf der Erde leben ungefähr 6 Milliarden Menschen.

Die Chinesische Mauer ist etwa 2350 km lang.

Ein Mensch hat etwa 100 000 Haare auf dem Kopf. Davon fallen täglich ungefähr 80 aus.

Es gibt 136 800 verschiedene Schmetterlingsarten.

2 Überlege, aus wie vielen kleinen Würfeln die einzelnen „Hochhäuser“ bestehen. Begründe.

A B C D E

1 Wandzeitung, Ausstellung oder Zahlenalbum gestalten.

Die Zahl 10 000

1

Lukas hat einen Zehntausender-Turm gebaut.

a) Wie viele Tausender-Würfel hat er gebraucht?

a) 10000 = 1000 + 1000 + 1000 + 1000 + 1000 +
10000 = ___ · 1000
Es werden ___ Tausenderwürfel gebraucht.

b) Wie viele Hunderter-Platten wären das?

c) Wie viele Zehner-Stangen würde er benötigen?

d) Wie viele Einer-Würfel wären das?

2 Welche Folgen führen wohl genau zur Zahl **10 000**? Vermute und überprüfe.

a) 0, 1000, 2000, …
b) 5000, 5500, 6000, …
c) 8300, 8600, 8900, …
d) 700, 1400, 2100, …
e) 6000, 6600, 7200, …
f) 4400, 4800, 5200, …
g) 20, 40, 80, 160, …
h) 4000, 4750, 5500, …
i) 125, 250, 500, …

3 Das sind 10 000 Erbsen.
Wie viele Kinder haben ihre 500 Erbsen hineingeschüttet?
Begründe deine Antwort.

Hausaufgabe:
500 Erbsen mitbringen.

4 Immer 10 000. Zerlege in gleiche Teile.
Schreibe als Addition und als Multiplikation.

Starke Päckchen 2

a) 10 000 = 5 000 + ___ 10000 = ___ · 5 000
b) 10 000 = 2 500 + 2 500 + ___ + 10000 = ___ · 2 500
c) 10 000 = 2 000 + 2 000 + ___ + ___ + 10000 = ___ · 2 000
d) 10 000 = 1 000 + 1 000 + ___ + ___ + ___ + 10000 = ___ · 1 000
e) 10 000 = 500 + ___ + ___ + ___ + ___ + ___ 10000 = ___ · ___
f) 10 000 = ___ + ___ + ___ + ___ + ___ + ___ + ___ 10000 = ___ · ___
g) Finde weitere Zerlegungen.

5 Was machen wir mit den 10 000 Erbsen?

Aussäen! Dann ernten wir 50-mal so viel.

Erbsensuppe kochen! Für einen Teller Erbsensuppe nimmt man ungefähr 250 Erbsen.

4 Anzahl der Summanden vergleichen. Entdecken: Je kleiner die Summanden, desto länger die Aufgabe.

Die Stellentafel

1

Zehntausender

ZT	T	H	Z	E
	3			

Wie heißt die Zahl?

2 Trage in eine Stellentafel ein.

a) 

b) 

c) 

d) 

e) 

f) 

g) 

h) 

3 Lege Würfel, Stangen, Platten. Trage in eine Stellentafel ein.

a) 1 T 2 H 3 Z 4 E
5 T 3 H 7 Z 2 E
3 T 4 H 5 Z
8 T 6 H 8 Z 2 E
1 ZT

	ZT	T	H	Z	E
a)		1			

b) 8 T 3 Z 7 H
6 T 6 H 3 E
1 ZT 5 T 3 E
4 H
7 H 5 Z

c) 1 T 4 Z 3 E
8 T 4 H 2 E
2 T 5 E
1 ZT 2 T 5 H
1 ZT 6 Z 4 E

4 Trage in eine Stellentafel ein. Lies die Zahlen laut.

a) 5 T + 4 H + 3 Z + 8 E
5 T + 8 Z + 9 E + 3 H
7 H + 1 ZT + 3 T + 2 E

3 T + 4 ZT + 6 E
1 E + 5 Z + 1 T + 5 ZT
4 Z + 5 H + 6 E + 7 ZT

b) 5 H + 4 T + 3 Z + 10 E
4 T + 5 H + 20 Z
4 H + 10 T

5 T + 3 H + 20 E
10 H + 2 T + 6 ZT
7 E + 40 H

c) 8 T + 3 H + 26 E
17 H + 5 Z + 8 E
1 T + 4 H + 30 Z

26 H + 23 E
2 T + 34 H + 56 Z
3 ZT + 7 T + 12 H

5

Die höhere Zahl gewinnt

(Würfelspiel für 2 bis 4 Spieler)

Jeder würfelt viermal und überlegt nach jedem Wurf, an welche Stelle die Ziffer geschrieben wird.

Wer hat gewonnen?

a)

	T	H	Z	E
Luise	6	2	1	4
Steffen	5	2	1	4

b)

	T	H	Z	E
Nicole	5	3	6	1
Katharina	5	4	2	1

c)

	T	H	Z	E
Tobias	5	6	5	3
Georg	6	1	2	3

d)

	T	H	Z	E
Laura	3	4	2	6
Daniel	3	4	1	5

Evtl. Kopiervorlage nutzen. **5** Stellenwertüberlegungen für die Strategie nutzen.

Zahlen aufbauen

1

Wo ist die Zahl richtig geschrieben. Begründet.

2 Baut mit Zahlenkarten vierstellige Zahlen auf. Schreibt die Zahlen mit Ziffern.

a) fünftausendzweihundertsechsunddreißig

b) neuntausendfünfhunderteinundzwanzig
c) achttausendneunhundertsiebzehn
d) eintausendeinhundertfünfzig
e) viertausendsiebenhundertsechsundsechzig
f) siebentausendvierhundertsechzig
g) neunhundertneunundneunzig
h) viertausendvierhundertsechzehn
i) zweitausendfünfundneunzig
j) eintausendeinhundertfünfzehn
k) dreitausendachthundertsiebzig
l) achthundertfünfundzwanzig
m) viertausendsechshundertsechsundsechzig

3 Lege Zahlenkarten und addiere.

a) 2 000 + 300 + 40 + 5
2 000 + 40 + 5
2 000 + 5

4 000 + 7
4 000 + 60 + 7
4 000 + 500 + 60 + 7

b) 7 000 + 400 + 20 + 1
1 000 + 50 + 9
6 000 + 9

9 000 + 4
3 000 + 10 + 8
5 000 + 100 + 40 + 3

c) 400 + 2 000 + 20 + 1
30 + 600 + 3 000 + 7
60 + 5 000 + 100 + 6

4 000 + 300 + 50 + 3
700 + 1 000 + 80 + 4
80 + 500 + 4 000 + 0

4 Zerlege die Zahlen.

a) 7324
7340

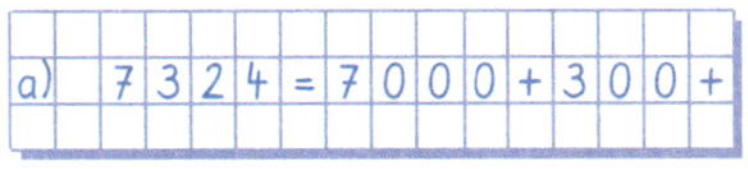

b) 3005
5003

c) 329
3920

d) 1234
2143

e) 8503
8350

f) 6001
6101

g) 5550
5055

h) 2092
290

Lies laut.

5 Wie heißt die Zahl?

a) Sie lässt sich in 9 Tausender, 6 Zehner und 4 Einer zerlegen.
b) Sie lässt sich in 4 Hunderter, doppelt so viele Tausender und halb so viele Zehner zerlegen.
c) Sie lässt sich in 3 Einer, genauso viele Tausender und dreimal so viele Zehner zerlegen.

6

Diktiert euch gegenseitig Zahlen.
Schreibt beide
und vergleicht.

Die Zahlen laut lesen. **1** Zahlendiktat zur Problematisierung.
2 Kopiervorlagen nutzen. Partnerarbeit.

Zerlegemauern

1 a)

b)

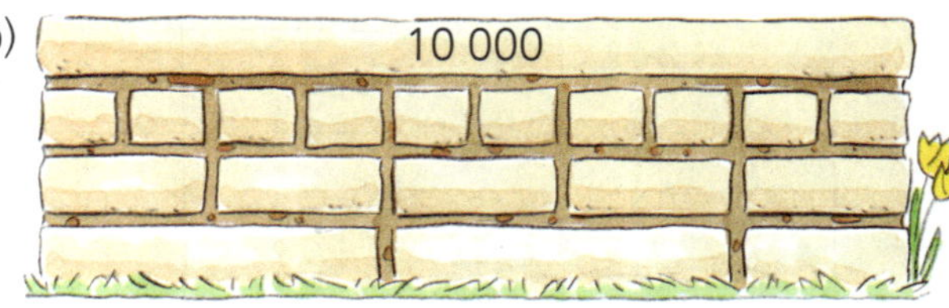

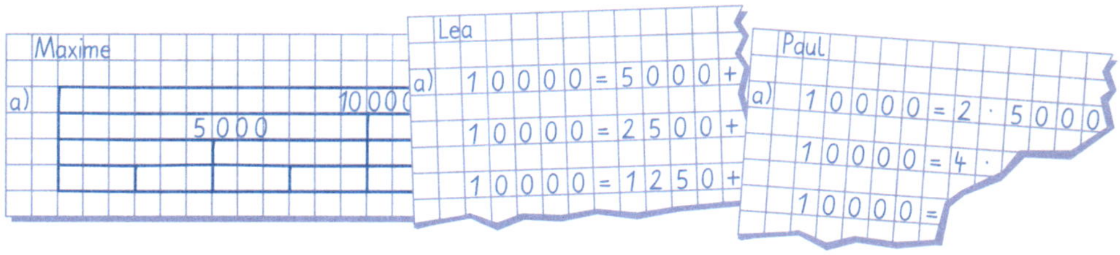

Erkläre, wie die Kinder gerechnet haben. Zerlege weiter.

2 a)

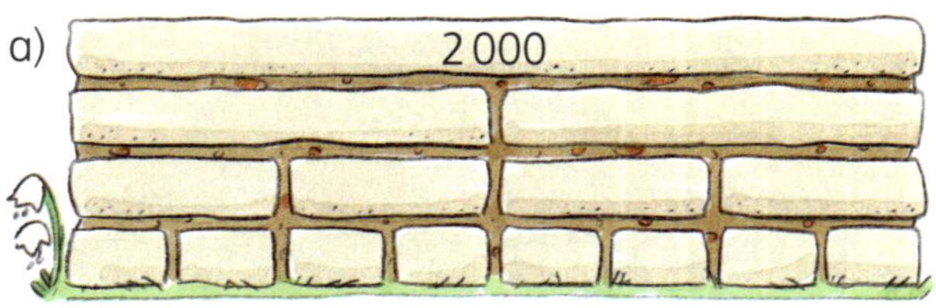

b)

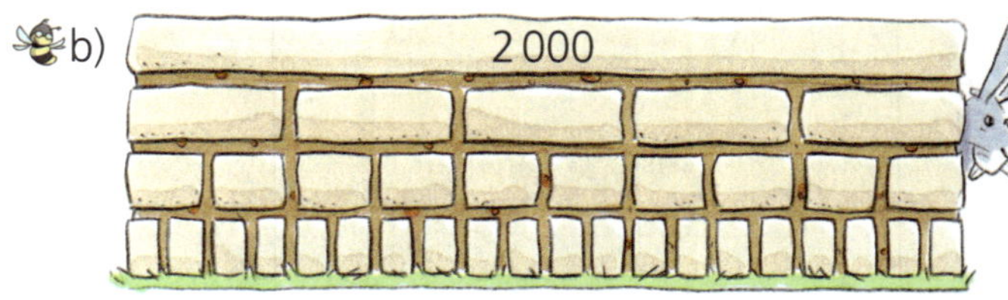

3 a)

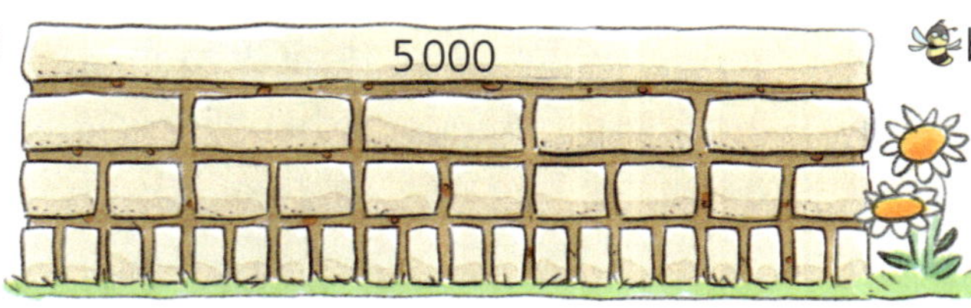

b)

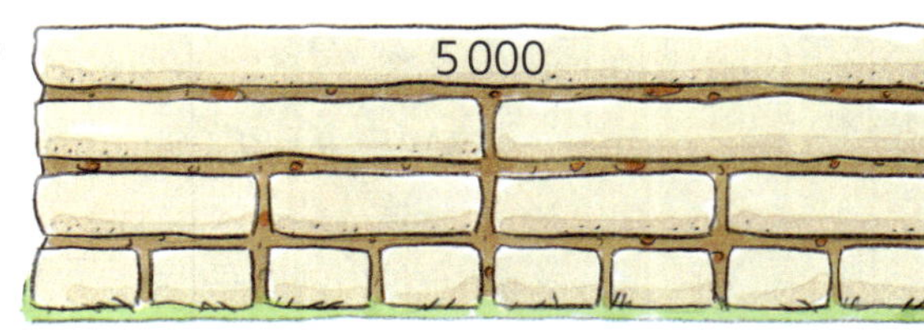

4 a)

b)

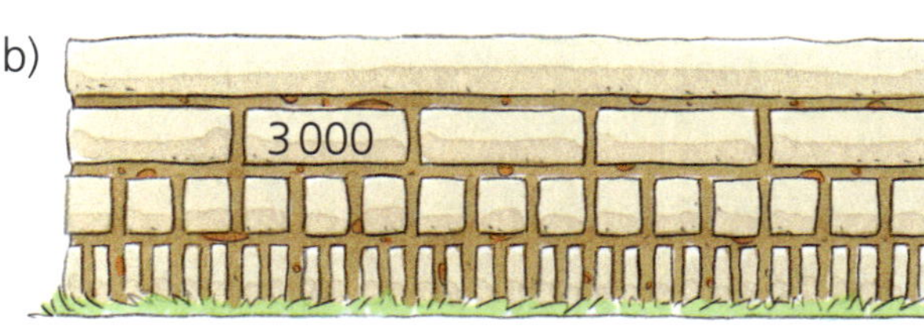

5 a)

b)

c)

d)

W

6 Kontrolliere durch Überschlagen.

a) 438 + 373 = 791
b) 684 + 168 = 852
c) 259 + 444 = 603
d) 375 + 517 = 892

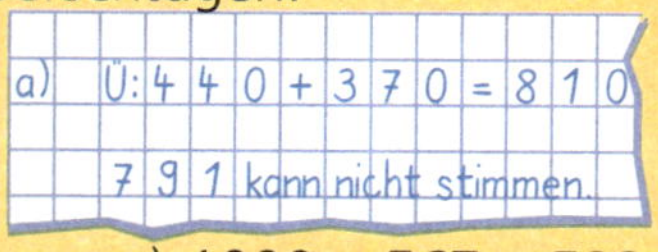

e) 1000 − 567 = 533
f) 942 − 434 = 508
g) 736 − 268 = 468
h) 813 − 582 = 241
i) 582 − 445 = 198
j) 672 − 293 = 479
k) 935 − 654 = 281
l) 481 − 392 = 49
m) 1000 − 589 = 411

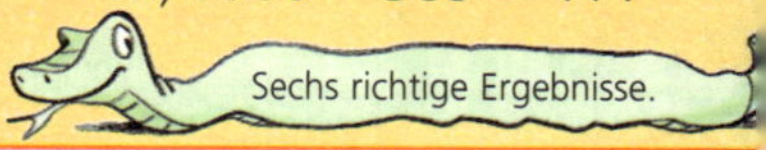

1 bis 4 Kopiervorlage nutzen. Diff.: Das Zerlegen der „Mauern" fortführen, dabei die Teilbarkeit untersuchen.

Zerlegungen

1 Zerlege 10 000.

a) 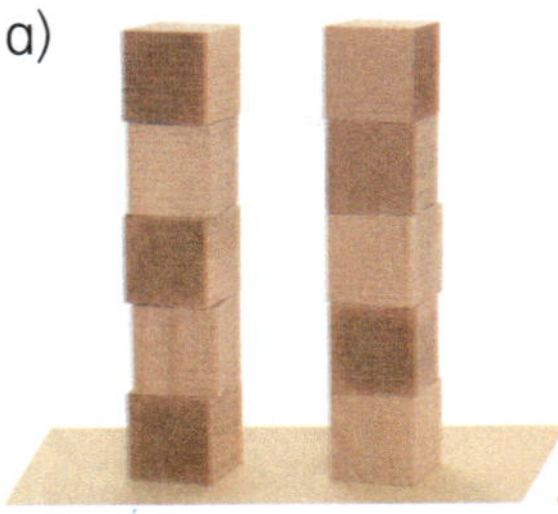

b) 

c) 

d) Finde weitere Zerlegungen.

2 Starke Päckchen

a) 10 000 = ___ · 5 000
10 000 = ___ · 500
10 000 = ___ · 50
10 000 = ___ · 5

b) 10 000 = ___ · 2 000
10 000 = ___ · 200
10 000 = ___ · 20
10 000 = ___ · 2

c) 10 000 = ___ · 10 000
10 000 = ___ · 5 000
10 000 = ___ · 2 500
10 000 = ___ · 1 250

d) 10 000 = ___ · 1 000
10 000 = ___ · 100
10 000 = ___ · 10
10 000 = ___ · 1

3 Starke Päckchen

a) 5 000 : 1 000
5 000 : 100
5 000 : 10
5 000 : 1

b) 5 000 : 5 000
5 000 : 500
5 000 : 250
5 000 : 5

c) 5 000 : 10
5 000 : 20
5 000 : 40
5 000 : 100

d) 5 000 : 5 000
5 000 : 2 500
5 000 : 1 250
5 000 : 625

e) 5 000 : 1
5 000 : 2
5 000 : 5
5 000 : 8

4 Beschreibe die Aufgabenmuster. Setze fort.

a) 5 000 = 5 000 +
5 000 = 4 500 +
5 000 = 4 000 +
5 000 = 3 500 +

5 0 0 0 = 3 5 0 0 +
Ich muss immer 500 mehr addieren.

b) 5 000 = 200 +
5 000 = 400 +
5 000 = 600 +
5 000 = 800 +

c) 10 000 = 9 500 +
10 000 = 9 000 +
10 000 = 8 500 +
10 000 = 8 000 +

d) 2 000 = 1 000 +
2 000 = 1 100 +
2 000 = 1 200 +
2 000 = 1 300 +

e) 2 000 = 1 800 +
2 000 = 1 500 +
2 000 = 1 200 +

f) 10 000 = 4 000 +
10 000 = 4 200 +
10 000 = 4 400 +
10 000 = 4 600 +

g) 5 000 = 1 490 +
5 000 = 2 040 +
5 000 = 2 590 +
5 000 = 3 140 +
5 000 = 3 690 +

h) 2 000 = 4 125 −
2 000 = 4 000 −
2 000 = 3 875 −
2 000 = 3 750 −

5 a) Die Summe von fünf Zahlen ist 10 000. Die erste Zahl ist 1250. Die zweite Zahl ist doppelt so groß wie die erste. Die dritte Zahl lautet 500 und die vierte Zahl ist halb so groß wie die dritte. Wie heißt die fünfte Zahl?

Hannah rechnet so:
a) 1250 $\xrightarrow{\cdot 2}$ ____   500 $\xrightarrow{:2}$ ____

Eva rechnet mit der Umkehraufgabe:
a) 10 000 − 1250 = 8 750   8 750 −

b) 7 500 ist die Summe von vier Zahlen. Die beiden ersten Zahlen sind gleich groß. Die dritte Zahl lautet 500 und die vierte Zahl ist das Zehnfache der dritten Zahl. Wie heißen die Zahlen?

Der Zahlenstrahl

1

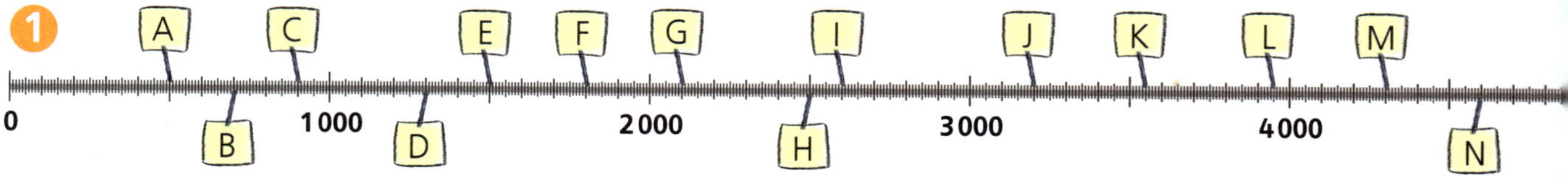

a) Orientiere dich auf dem Zahlenstrahl.
Erkläre die Bedeutung der verschiedenen Striche.
b) Jeder Buchstabe steht für eine Zahl.

b) A 500
B 700

2 Zähle vorwärts. Schreibe auf.

a) in Tausenderschritten 1000, 2000, 3000, …
b) in Hunderterschritten 8100, 8200, 8300, …
c) in Zehnerschritten 9900, 9910, 9920, …
d) in Einerschritten 9989, 9990, 9991, …
e) in Zehnerschritten 1970, 1980, 1990, …
f) in Hunderterschritten 4600, 4700, 4800, …

3 Zähle rückwärts. Schreibe auf. Wie heißt die Regel?

a) 6000, 5500, 5000, …
b) 10000, 8500, 7000, …
c) 9200, 8800, 8400, …
d) 9900, 8700, 7500, …
e) 8500, 7600, 6700, …

a) 6000, 5500, 5000
Immer 500 weniger.

f) 12000, 6000, 3000, …
g) 4900, 4200, 3500, …
h) 7200, 6600, 5800, …
i) 6400, 6150, 5900, …
j) 5250, 4500, 3750, …

4 Welche Zahl liegt jeweils genau in der Mitte? Zeige am Zahlenstrahl.

a) zwischen 0 und 3000

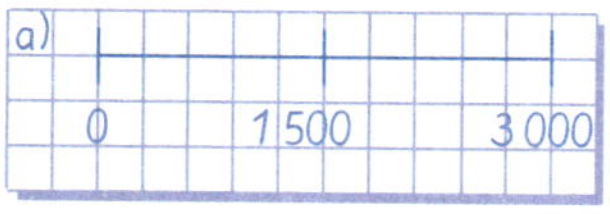

b) zwischen 0 und 1000
c) zwischen 0 und 10000
d) zwischen 1000 und 5000
e) zwischen 9000 und 10000
f) zwischen 4000 und 8000
g) zwischen 5000 und 10000
h) zwischen 6000 und 10000
i) zwischen 1500 und 3000
j) zwischen 5500 und 10000
k) zwischen 1000 und 10000

5 Welche Zahl könnte es sein?

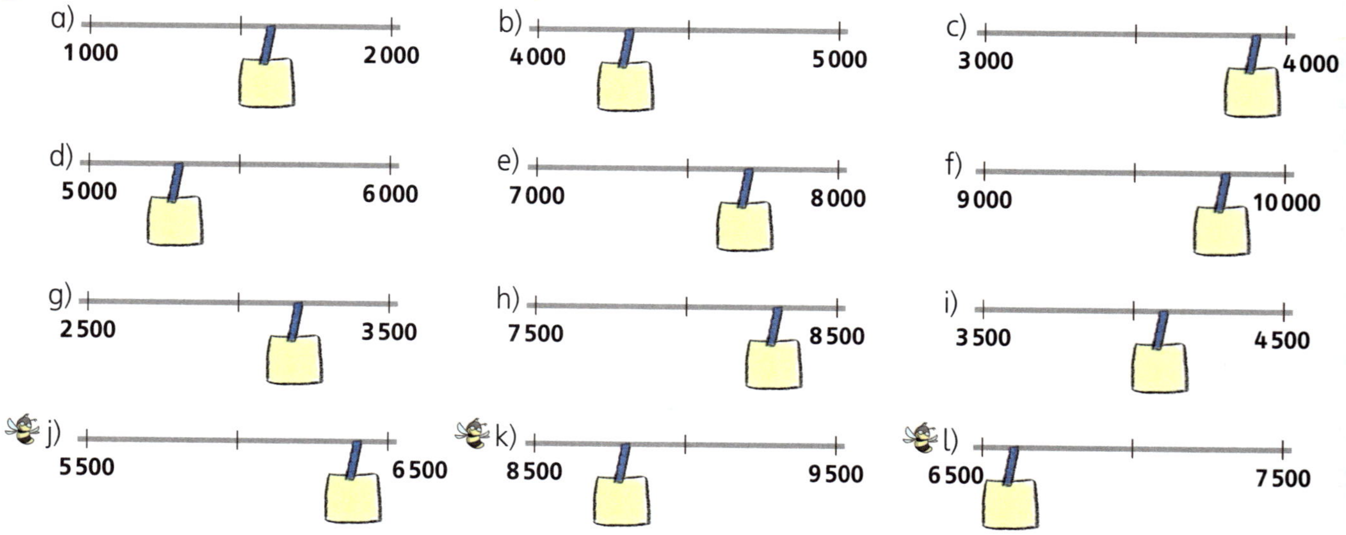

2 e) und f) Nicht bis 10000 notieren lassen. **5** Begründet schätzen.

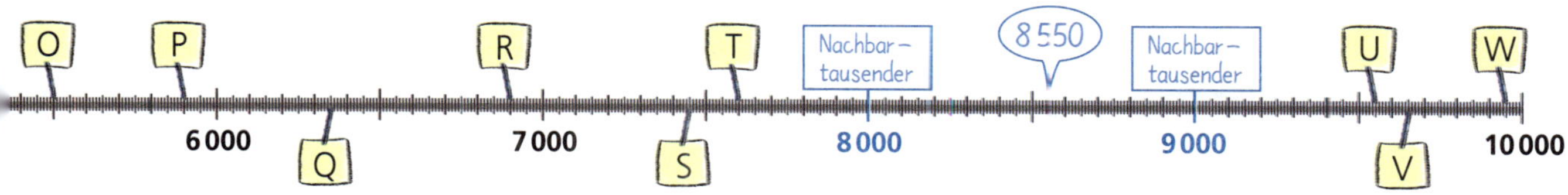

6 Zeige die Zahlen am Zahlenstrahl.
Schreibe sie mit den **Nachbarzahlen (Vorgänger, Nachfolger)** auf.

a) 8549 < 8550 < 8551

a) 8550 7750 6400 5950 6990 7000 8900

b) 8910 9500 4950 3400 7600 2320 8460 9000

7

a) **Nachbarzehner**

	8325	
	790	
	1007	
	9993	
	46	
	2762	

b) **Nachbarhunderter**

	2184	
	6899	
	936	
	4	
	9913	
	4501	

c) **Nachbartausender**

	4319	
	5001	
	9339	
	273	
	7188	
	1999	

8 Ergänze zu 10000.

Starke Päckchen 2

a)	b)	c)	d)	e)	f)	g)
9000	6000	2000	8000	4000	5000	8200
900	600	200	8500	4300	5200	3500
90	60	20	6000	7000	5250	4100
9	6	2	6500	7100	5255	7600

9 Zeige die Zahlen am Zahlenstrahl. Ordne sie nach der Größe.

a) 1090 950 1000 1900

a) 950, 1000,

b) 8400 4400 8080 4800 4080

c) 1050 1500 5000 5100 1000

d) 4650 6050 4600 4450

e) 5430 4530 3540 5340 4350

f) 4899 4980 4900 4800 4890

g) 933 1093 1033 913 1930

10

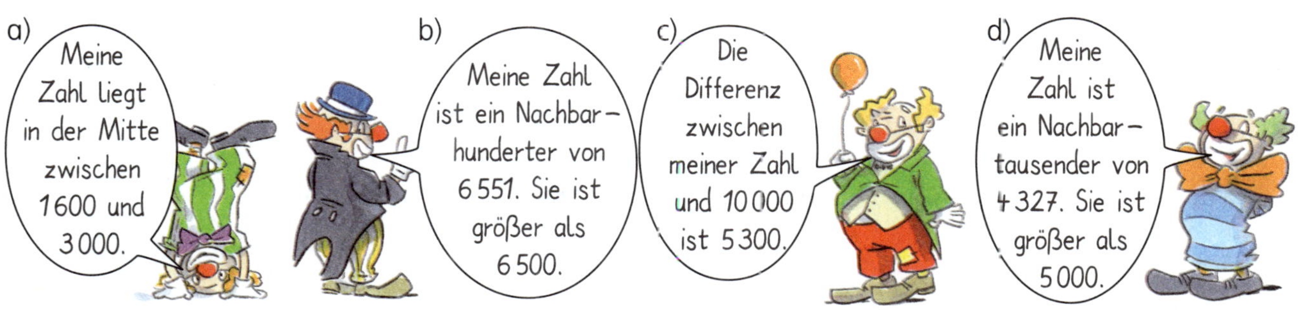

10 Eine Aufgabe ist nicht lösbar.

Das Zehntausenderspiel – Ziffern und Zahlen

1 **Das Zehntausenderspiel**

Jeder würfelt achtmal und bildet zwei vierstellige Zahlen. Die Summe soll möglichst nah bei 10 000 liegen.

	ZT	T	H	Z	E
		4	6	1	3
+		5	1	5	2

Lara

ZT	T	H	Z	E

Mehmet

2 Wer hat gewonnen?

a)

	ZT	T	H	Z	E
		6	4	3	4
+		3	5	5	1

Ira

	ZT	T	H	Z	E
		6	1	1	0
+		4	2	3	5

Emma

	ZT	T	H	Z	E
		5	4	2	3
+		4	6	1	2

Johannes

b)

ZT	T	H	Z	E
	6	4	3	4
	3	5	1	2

Cara

	ZT	T	H	Z	E
		5	3	4	3
+		4	6	6	5

Rieke

	ZT	T	H	Z	E
		3	5	6	1
+		6	5	2	4

Eric

3 4530 | 3469 | 5346 | 4085 | 3497

Wähle immer zwei Zahlen aus. Addiere.

a) Ziel: die größte Summe.
b) Ziel: die kleinste Summe.
c) Summe kleiner als 7000.
d) Summe kleiner als 6000.
e) Summe zwischen 7000 und 8000.
f) Summe zwischen 8000 und 9000.
g) Summe zwischen 9000 und 10 000.
h) Summe zwischen 7990 und 8000.

Eine Aufgabe ist nicht lösbar.

4 6000 | 3518 | 4970 | 2173 | 5408

Wähle immer zwei Zahlen aus. Subtrahiere.

a) Ziel: die größte Differenz.
b) Ziel: die kleinste Differenz.
c) Differenz kleiner als 3000.

a)	ZT	T	H	Z	E
		6	0	0	0
−					

d) Differenz zwischen 0 und 1 000.
e) Differenz zwischen 1 000 und 2 000.
f) Differenz zwischen 2 000 und 3 000.

5 Stimmt das?

„Es gibt 6 Zahlen, die einstellig und gerade sind." Marie

„Es gibt 900 dreistellige Zahlen." Enim

„Die größte vierstellige Zahl besteht aus vier gleichen Ziffern." Kevin

„Die kleinste vierstellige Zahl hat an der Einerstelle eine 3." Jakob

„Die größte zweistellige Zahl ist um 1 kleiner als die kleinste dreistellige Zahl." Oleg

„Wenn man zwei dreistellige Zahlen addiert, erhält man immer eine vierstellige Zahl." Tanja

1 Nach jedem Wurf sofort die Ziffer eintragen. Zufall thematisieren.
5 Drei Aussagen sind richtig.

Die Zahl 100 000

1 Lukas vermutet:
„Das könnten 100 000 kleine Würfel sein."
Überprüfe.

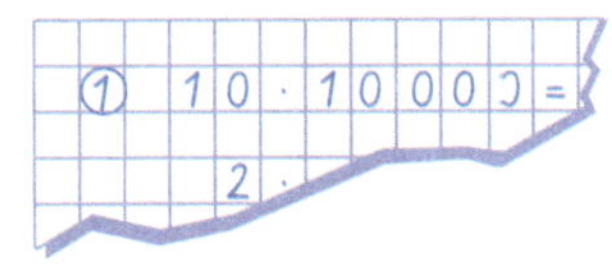

2 a) Lukas baut die Hunderttausender-Platte mit Tausender-Würfeln. Wie viele nimmt er?
b) Wie viele Hunderter-Platten würde er brauchen?
c) Wie viele Zehner-Stäbe wären das?
d) Wie viele würde Lukas jeweils benötigen, wenn er die eine Hälfte mit Tausender-Würfeln und die andere Hälfte mit Einer-Würfeln bauen würde?

3 Welche Folgen führen wohl genau zur Zahl **100 000**? Vermute und überprüfe.

a) 0, 10 000, 20 000, …
b) 0, 20 000, 40 000, …
c) 0, 5 000, 10 000, …
d) 0, 15 000, 30 000, …
e) 7 000, 14 000, 21 000, …
f) 16 000, 24 000, 32 000, …
g) 0, 12 500, 25 000, …
h) 18 000, 27 000, 36 000, …
i) 7 500, 15 000, 22 500, …
j) 60 000, 64 000, 68 000, …
k) 88 950, 89 300, 89 650, …
l) 82 000, 84 250, 86 500, …

4 Kannst du die Aufgabenmuster fortsetzen?

a)
100 000 = ___ · 10 000
100 000 = ___ · 1 000
100 000 = ___ · 100

b)
100 000 = ___ · 50 000
100 000 = ___ · 25 000
100 000 = ___ · 12 500

c)
100 000 = ___ · 20 000
100 000 = ___ · 10 000
100 000 = ___ · 5 000

d)
100 000 = ___ · 100
100 000 = ___ · 10
100 000 = ___ · 1

5 Starke Päckchen 2

a)
100 000 : 10
100 000 : 100
100 000 : 1 000
100 000 : 10 000

b)
100 000 : 5 000
100 000 : 500
100 000 : 50
100 000 : 5

c)
100 000 : 50 000
100 000 : 25 000
100 000 : 12 500
100 000 : 20 000

d)
100 000 : 2
100 000 : 4
100 000 : 8
100 000 : 16

6 a)

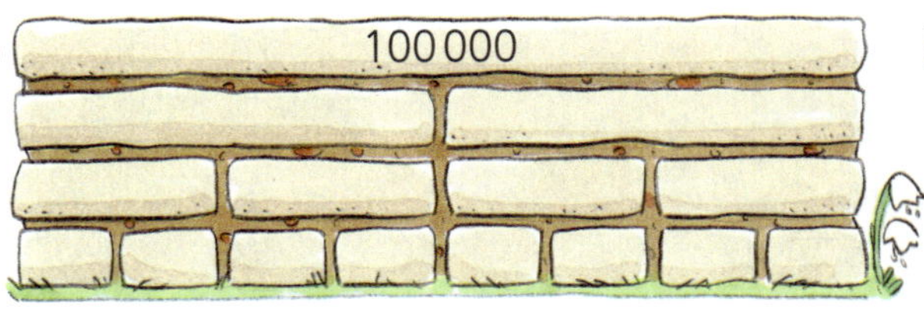

b)

Zahlen bis zur Million

1

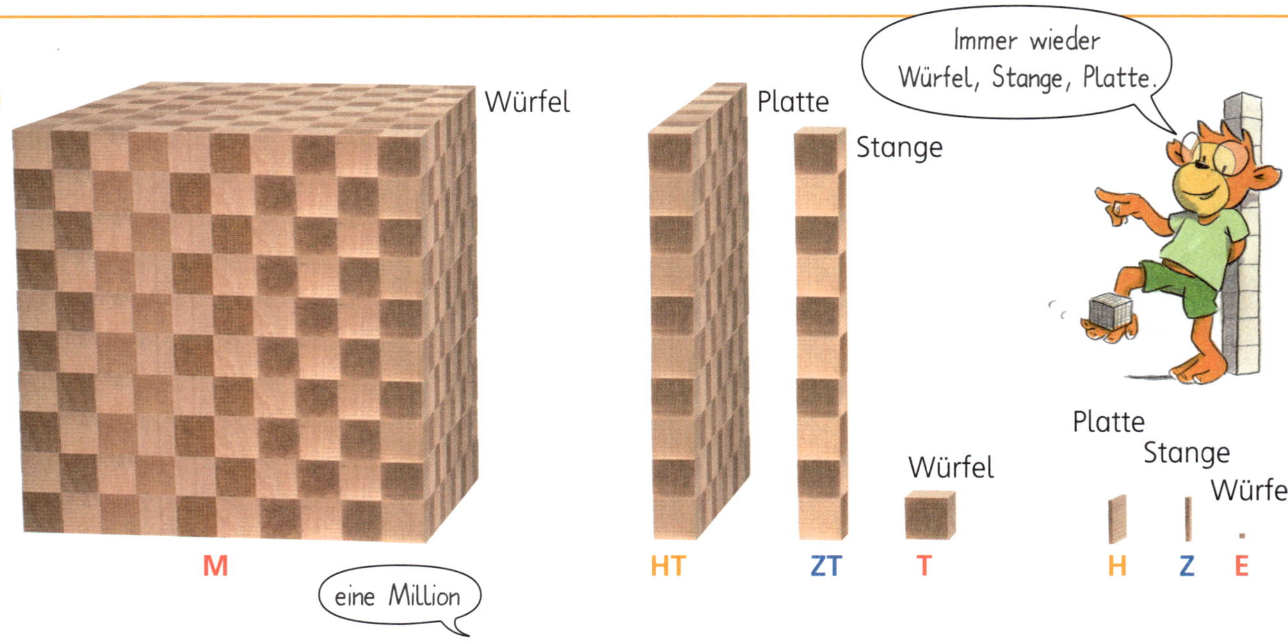

Dieser große Würfel könnte aus 1 000 000 kleiner Würfel gebaut werden.
Erkläre.
Kannst du dir vorstellen, wie es weitergeht?

2 Setze fort so weit du kannst.

a) 1 000 000 = ___ · 100 000
1 000 000 = ___ · 10 000
1 000 000 = ___ · 1 000

b) 1 000 000 = ___ · 50 000
1 000 000 = ___ · 5 000
1 000 000 = ___ · 500

c) 1 000 000 = ___ · 200 000
1 000 000 = ___ · 20 000
1 000 000 = ___ · 200

3 (Starke Päckchen 2)

a) 1 000 000 : 2
1 000 000 : 4
1 000 000 : 8

b) 1 000 000 : 10
1 000 000 : 100
1 000 000 : 10 000

c) 1 000 000 : 5
1 000 000 : 10
1 000 000 : 50

d) 1 000 000 : 20
1 000 000 : 200
1 000 000 : 2 000

4 Setze mit Zahlenkarten große Zahlen zusammen. Lies laut.

a) 400 000 | 6 000

b) 100 000 | 5 000

c) 200 000 | 50 000

d) 700 000 | 1 000

a) 406 000
„vierhundertsechs*tausend*"

e) 300 000 | 20 000 | 1 000

f) 500 000 | 10 000 | 3 000

g) 900 000 | 90 000 | 9 000

5 Setze die Zahlen zusammen. Ordne sie anschließend nach der Größe.

a) 600 000 | 10 000

b) 60 000 | 1 000

c) 700 000 | 4 000

d) 300 000 | 20 000 | 5 000

e) 50 000 | 200 000 | 3 000

f) 30 000 | 500 000 | 2 000

1 Entdecken: Wiederkehrende Formen (Würfel, Stange, Platte); immer das Zehnfache.
4 und **5** Kopiervorlagen. Zahlen laut lesen.

Ziffernkombinationen

1

2 [5] [8] [1] Lege mit diesen drei Ziffernkarten in der Stellentafel

a) die kleinstmögliche Zahl.
b) eine Zahl, die größer ist als 10 000.
c) eine Zahl, die zwischen 50 000 und 52 000 liegt.
d) die Zahl, die genau in der Mitte zwischen 108 000 und 109 000 liegt.
e) eine gerade Zahl, die kleiner als 1 000 und größer als 500 ist.

3 Trage in eine Stellentafel ein. Lies laut.

a) 1 HT 5 ZT 3 T
1 HT 5 ZT 3 H
1 T 5 H 3 E

1 ZT 5 T 3 Z
1 ZT 5 Z 3 E
1 H 5 Z 3 E

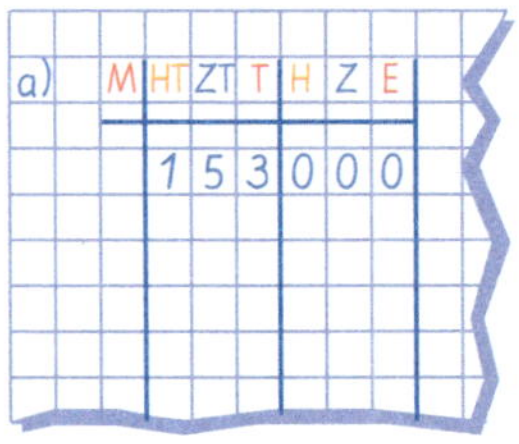

b) 2 HT 3 T
5 HT 1 T 1 H
1 M 4 HT 1 ZT

4 HT 1 ZT 2 T
6 ZT 7 T 8 E
9 HT 6 ZT 3 Z

c) 3 HT
9 ZT 4 T 5 H
8 HT 5 E

8 ZT 5 Z
9 HT 6 ZT 7 T
2 T 7 H 3 E

4 a) 6 H 7 T 8 HT 4 ZT
6 E 7 ZT 8 Z 4 HT
6 ZT 7 Z 8 H 4 E

3 H 5 T 2 HT 9 E
3 HT 5 ZT 2 M 9 Z
3 Z 5 HT 2 H 9 HT

b) 7 HT 1 T 16 H 7 E
8 ZT 3 T 23 H 6 Z
2 HT 16 ZT 7 T 5 E

6 T 15 H 8 Z 9 E
5 HT 27 ZT 8 T 5 H
1 M 11 HT 9 ZT 6 T

c) 9 T 13 ZT 8 HT
23 T 12 HT 7 Z
3 M 33 ZT 5 H

6 HT 15 E 4 T
27 T 17 ZT 6 Z
14 E 16 T 1 HT

5 In diesem Jahr möchte eine große Firma 1 000 000 Euro an die Fördervereine von 500 Grundschulen spenden.

a) Wie viel Geld wäre das für jede Schule?
b) Wie viel Geld würde jede Schule bekommen, wenn es nur 400 Schulen wären?
c) Wie viel Geld würde jede der 500 Schulen bekommen, wenn die Firma 750 000 Euro spenden würde?

6

Diktiert euch gegenseitig große Zahlen. Schreibt beide die Zahl auf und vergleicht.

W

7 a)

b)

1 bis 4 Evtl. leere Stellen mit Nullen füllen.

Faltschnitte – Kopfgeometrie

1 Vom Quadrat zum Stern

① Falte ein Quadrat zweimal.

2 Welche Teile gehören zusammen? Versuche, diese Faltschnitte selbst herzustellen.

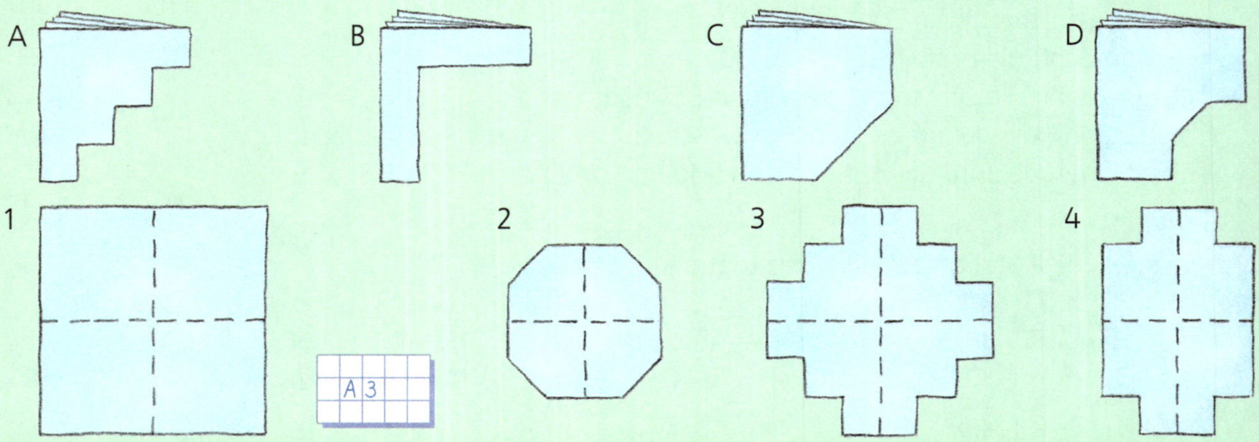

3 Auch hier wurde ein Quadrat zweimal gefaltet und in der Mitte wurde ein Stück herausgeschnitten. Wie sieht das herausgeschnittene Stück aus, wenn es aufgefaltet ist? Probiere und zeichne.

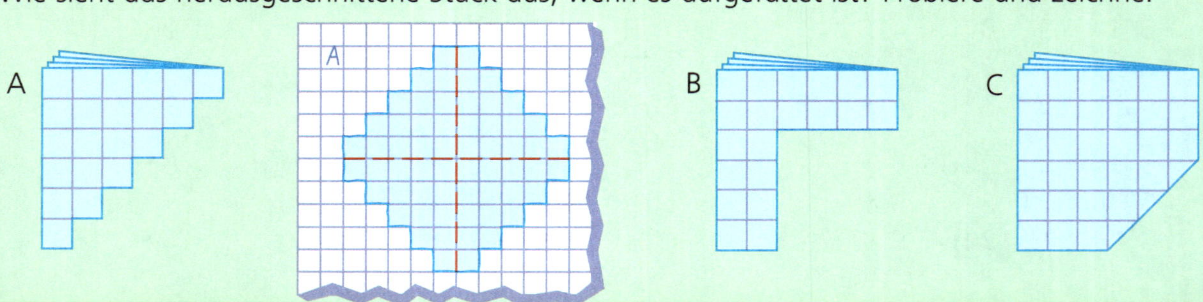

W

4 Welche Ziffern fehlen?

a)	b)	c)	d)	e)	f)
3□2	□2□	68□	479	37□	6□2
+24□	+1□3	+2□2	+2□3	+□88	+□38
□79	872	□27	□1□	6□5	83□

5

a)	b)	c)	d)	e)
2345	9999	9876	1887	69348
+□□□□	+□□□□	+□□□□	+□□□□	+□□□□□□
9134	18887	15308	4885	197865

f)	g)	h)	i)	j)
□24□	□□61	5□24	253□5	8□065
+24□6	+ 6□4	+ 23□	+□3453	+□034□
3□34	505□	□1□2	8□□2□	□59□13

3 Partnerarbeit.

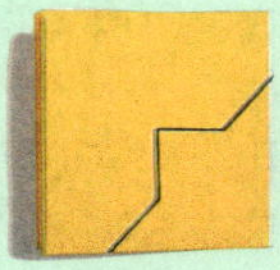

② Zeichne und schneide.

③ Falte beide Teile auseinander.

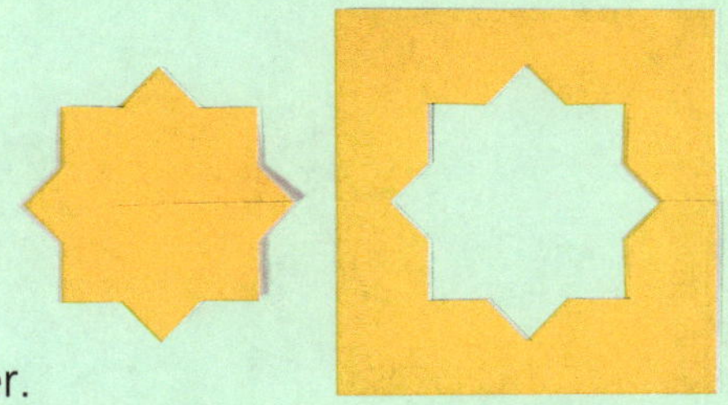

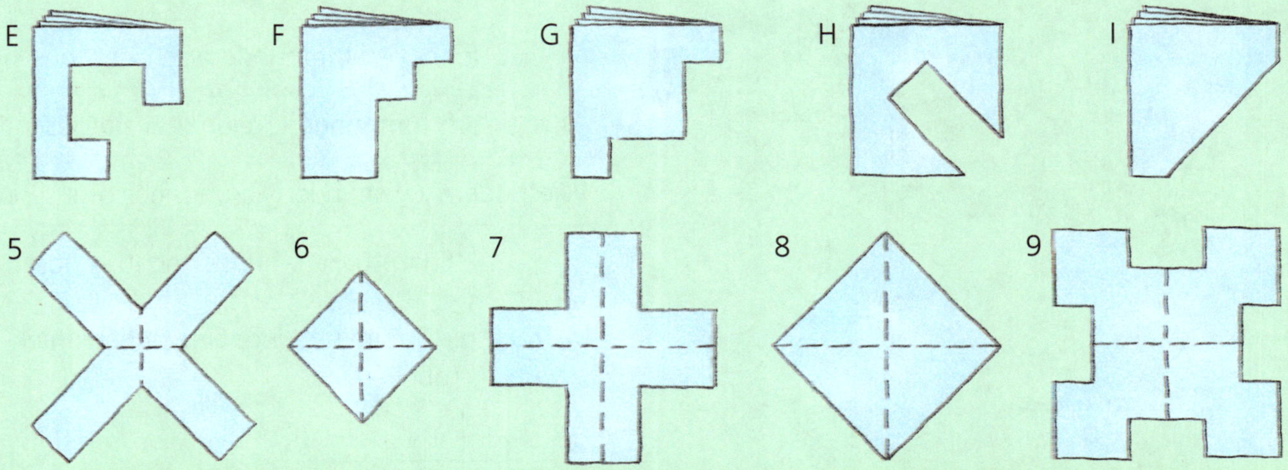

Erfinde eigene Faltschnitte.

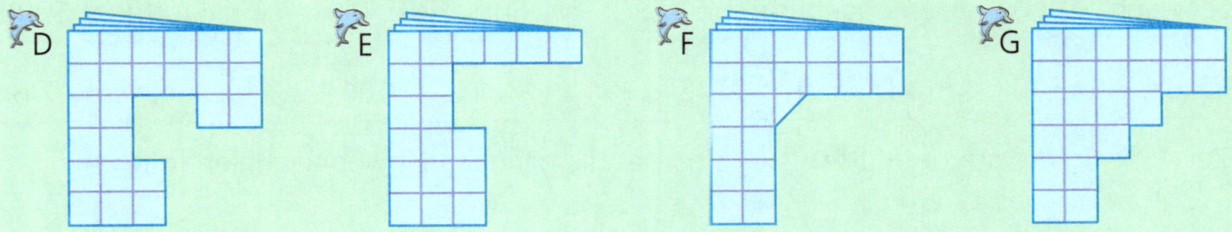

6 Welche Ziffern fehlen?

- a) 53□ − 2□4 = □14
- b) 733 − 2□4 = □2□
- c) 42□ − □45 = 2□3
- d) 905 − □3□ = 2□1
- e) □24 − 2□□ = 369
- f) 52□ − 3□2 = □47

7

- a) 7684 − □□□□ = 4139
- b) 6974 − □□□□ = 2075
- c) 7008 − □□□□ = 1019
- d) 5607 − □□□□ = 2699
- e) 92465 − □□□□□ = 9876
- f) 924□ − □8□9 = 4□57
- g) 1□34 − 9□7 = 24□
- h) □008 − 6□□9 = 221□
- i) 8□□0 − 98□ = □771
- j) □00□0□ − 734□8 = 2□502

Einwohnerzahlen großer Städte – Runden

1 Suche die Städte auf der Karte.

a) Lies die gerundeten Einwohnerzahlen laut vor:

Kiel: zweihundertdreiunddreißigtausend

Hamburg: eine Million siebenhundertdreißigtausend

Bremen: fünfhundertsechsundvierzigtausend

Berlin: drei Millionen vierhunderttausend

Hannover: fünfhundertsechzehntausend

Düsseldorf: fünfhundertdreiundsiebzigtausend

Wiesbaden: zweihundertvierundsiebzigtausend

Saarbrücken: hundertachtzigtausend

b) Trage die Städte und ihre Einwohnerzahlen in eine Tabelle ein.

Stadt	Einwohnerzahl
Kiel	233000

2 Auch diese Städte sind Landeshauptstädte:

Schwerin: 97 110	Magdeburg: 226 675	Erfurt: 202 450	Stuttgart: 590 657
Potsdam: 145 707	Dresden: 487 421	Mainz: 186 061	München: 1 249 176

a) Zeige die Städte auf der Karte.

b) Lies die genauen Einwohnerzahlen laut.

3 Welche Landeshauptstädte sind gemeint? Schreibe sie mit ihren Einwohnerzahlen auf.

a) Es gibt eine Stadt, die mehr als 400 000 Einwohner und weniger als 500 000 Einwohner hat.

b) Wie heißen die drei größten Städte in Deutschland?

c) Diese vier Städte haben weniger als 200 000 Einwohner.

d) In vier Landeshauptstädten leben zwischen 500 000 und 600 000 Menschen.

4 Kann das stimmen?

A „Berlin hat so viele Einwohner wie alle anderen Hauptstädte zusammen."

B „In Berlin leben ungefähr 3 Millionen Kinder."

W

5 4 8 5 2 53 96 167 239

106	118	192	212
265	334	384	424
478	480	668	768
835	956	1 195	1 336
1 912			

2 Diff.: Tabelle von Aufgabe 1 b) ergänzen.

Runden auf Hunderttausender – Suche immer die näher gelegene Hunderttausenderzahl.

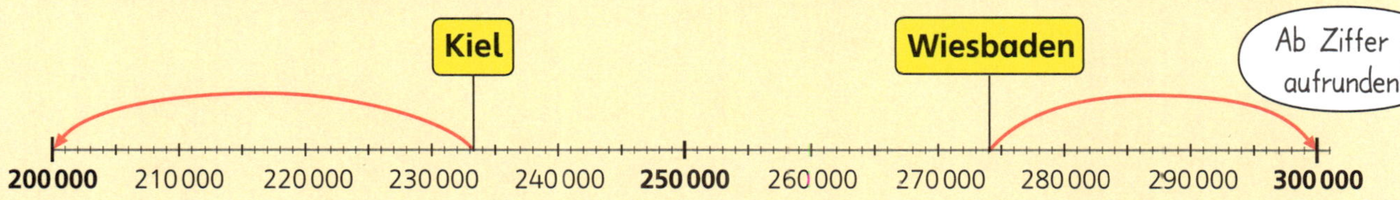

Kiel: 233 329 ≈ 200 000 Wiesbaden: 274 076 ≈ 300 000

6 a) Runde die Einwohnerzahlen der Landeshauptstädte auf Hunderttausender.

a) Kiel: 233 329 ≈ 200 000

b) Zeichne ein Schaubild:
1 Kästchen bedeutet 100 000 Einwohner.
Überlege zuerst: Wie hoch wird die höchste Säule sein?

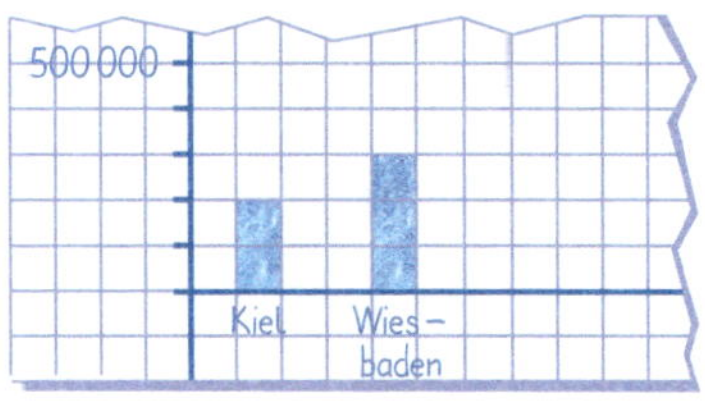

7 Runde auf Hunderttausender.

a)	b)	c)	d)	e)	f)
541 780	938 400	263 000	123 400	593 820	86 345
549 780	958 400	583 000	437 500	483 390	96 293
550 780	58 400	492 000	382 700	329 280	99 342
559 780	148 700	449 536	452 309	392 980	34 892

Runden auf Zehntausender – Suche immer die näher gelegene Zehntausenderzahl.

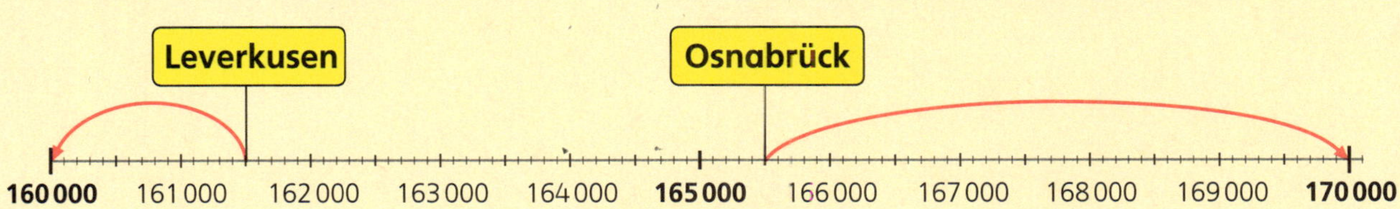

Leverkusen: 161 543 ≈ 160 000 Osnabrück: 165 517 ≈ 170 000

8 Runde auf Zehntausender.

a)	b)	c)	d)	e)	f)
137 000	248 300	166 510	142 463	148 384	184 923
136 000	48 300	560 510	32 349	324 342	32 342
135 400	303 400	34 320	344 981	234 923	248 349
134 400	923 400	182 340	329 324	934 348	74 834

9 Kann das stimmen?

A „Mainz hat mehr Einwohner als Hamburg."

B „In Düsseldorf leben 500 000 Lehrerinnen."

C „Saarbrücken hat weniger Einwohner als Stuttgart."

W

10

21	27	36	42
48	51	54	56
72	84	96	102
108	128	136	192
204			

Addieren großer Zahlen – Aufgabenmuster

1 a)

b)

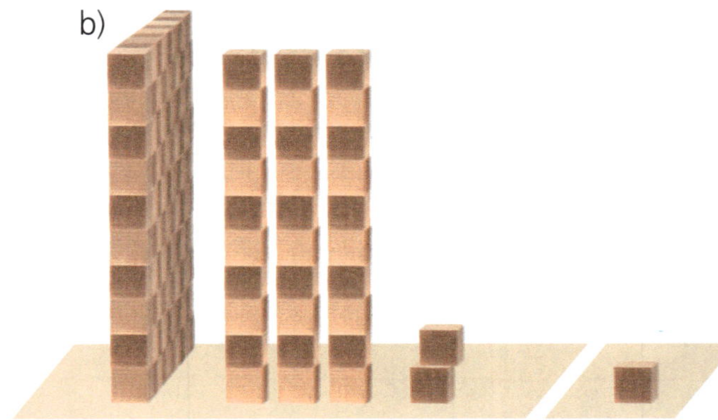

c)

d)

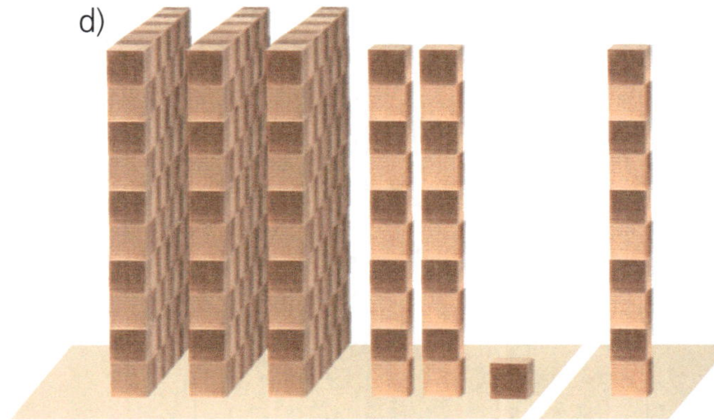

2 Starke Päckchen

a)	b)	c)	d)
323 000 + 6	615 000 + 3	135 000 + 5	277 000 + 4
323 000 + 60	615 000 + 30	135 000 + 50	277 000 + 40
323 000 + 600	615 000 + 300	135 000 + 500	277 000 + 400
323 000 + 6 000	615 000 + 3 000	135 000 + 5 000	277 000 + 4 000
323 000 + 60 000	615 000 + 30 000	135 000 + 50 000	277 000 + 40 000
323 000 + 600 000	615 000 + 300 000	135 000 + 500 000	277 000 + 400 000

3

a)	b)	c)	d)
200 000 + 500 000	9 + 134 830	240 123 + 4	314 + 500 000
200 000 + 510 000	90 + 134 830	240 123 + 4 000	56 + 500 000
200 000 + 514 000	900 + 134 830	240 123 + 40	9 + 500 000
200 000 + 514 600	9 000 + 134 830	240 123 + 40 000	7 + 50 000
200 000 + 514 670	90 000 + 134 830	240 123 + 400	74 + 50 000
200 000 + 514 679	900 000 + 134 830	240 123 + 400 000	918 + 50 000

4 Welche Aufgabenmuster führen genau zur Million? Begründe.

a)	b)	c)	d)	e)
400 000	300 000	50 000	900 000	300 000
+ 300 000	+ 300 000	+ 150 000	+ 90 000	+ 250 000
+ 200 000	+ 300 000	+ 300 000	+ 9 000	+ 200 000
+	+	+	+	+

5 Erkennst du das Muster? Setze fort.

12345	23456	34567
+ 9876	+ 8765	+ 7654

4 Drei Aufgabenmuster führen direkt zur Million.

1 a)

a) 134163 − 1 =

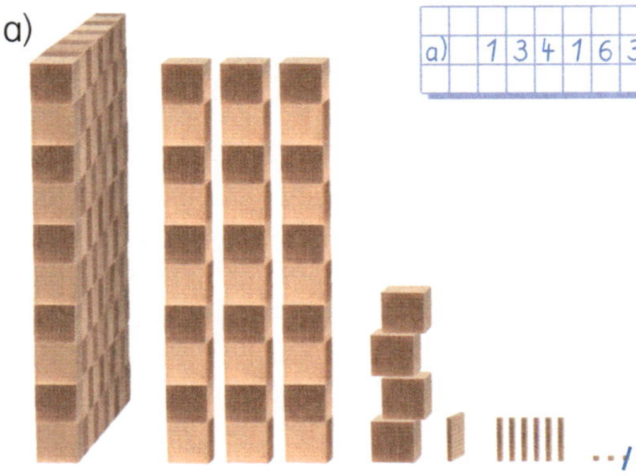

b)

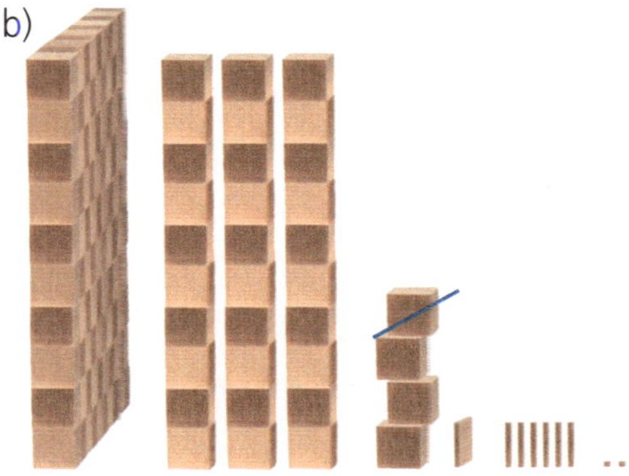

c)

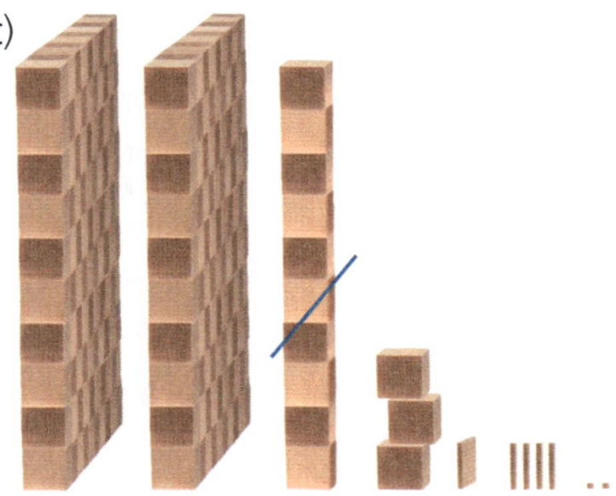

d)

2 Starke Päckchen

a)	b)	c)	d)
876 541 − 100 000	388 888 − 300 000	977 766 − 600 000	532 000 − 200 000
876 541 − 10 000	388 888 − 30 000	977 766 − 60 000	532 000 − 20 000
876 541 − 1 000	388 888 − 3 000	977 766 − 6 000	532 000 − 2 000
876 541 − 100	388 888 − 300	977 766 − 600	532 000 − 200
876 541 − 10	388 888 − 30	977 766 − 60	532 000 − 20
876 541 − 1	388 888 − 3	977 766 − 6	532 000 − 2

3

a)	b)	c)	d)
9 − 3	500 000 − 1	777 777 − 200 000	840 158 − 4
90 − 30	500 000 − 10	777 777 − 210 000	840 158 − 4 000
900 − 300	500 000 − 100	777 777 − 215 000	840 158 − 40
9 000 − 3 000	500 000 − 1 000	777 777 − 215 600	840 158 − 40 000
90 000 − 30 000	500 000 − 10 000	777 777 − 215 670	840 158 − 400
900 000 − 300 000	500 000 − 100 000	777 777 − 215 673	840 158 − 400 000

4 Führen diese Aufgabenmuster genau zur Null?

a)	b)	c)	d)	e)
1 000 000	1 000 000	1 000 000	1 000 000	1 048 576
− 100 000	− 150 000	− 900 000	− 500 000	− 524 288
− 200 000	− 300 000	− 90 000	− 250 000	− 262 144
− 300 000	− 450 000	− 9 000	− 125 000	− 131 072

5 Erkennst du das Muster? Setze fort.

10203	10203	10203
− 9293	− 9394	− 9495

Multiplizieren mit Stufenzahlen

1

___ ← · 10 ___ ← · 10 ___ ← · 10 ___ ← · 10 2

ZT	T	H	Z	E
2				

ZT	T	H	Z	E
	2			

ZT	T	H	Z	E
		2		

ZT	T	H	Z	E
			2	

ZT	T	H	Z	E
				2

Erkläre.

2 Zeichne eine Stellentafel und trage ein.

a) 7
7 · 10
7 · 10 · 10
7 · 10 · 10 · 10

b) 10 · 10 · 10 · 4
10 · 10 · 4
10 · 4
4

c) 6
60
600
6 000

d) 8 000
800
80
8

3

a) 3 · 10
13 · 10
213 · 10
4 213 · 10

b) 4 · 100
24 · 100
324 · 100
5 324 · 100

c) 100 · 371
100 · 40
100 · 9
100 · 3 600

d) 12 · 1 000
130 · 1 000
147 · 1 000
2 390 · 1 000

e) 1 000 · 47
100 · 390
10 · 3 892
10 000 · 2

4 Starke Päckchen

a) 18 · 10
18 · 100
18 · 1 000
18 · 10 000

b) 45 · 10
45 · 100
45 · 1 000
45 · 10 000

c) 1 000 · 29
10 · 29
100 · 29
10 000 · 29

d) 10 000 · 67
10 · 67
1 000 · 67
100 · 67

5

a) ___ · 64 = 6 400
___ · 64 = 64 000
___ · 64 = 640
___ · 640 = 6 400

b) ___ · 369 = 36 900
___ · 369 = 3 690
___ · 369 = 369 000
___ · 369 = 0

c) ___ · ___ = 60 800
___ · ___ = 4 000
___ · ___ = 9 300
___ · ___ = 59 000

d) ___ · ___ = 32 910
___ · ___ = 807 000
___ · ___ = 60 700
___ · ___ = 4 800

6

a) Im April hat Herr Schneider 65 kg Saatkartoffeln in die Erde gelegt. Von jedem Kilo Saatkartoffeln erntet er etwa 10 kg Speisekartoffeln.

b) Bauer Niewald legt auf einem großen Feld 943 kg Kartoffeln. Auf dem Feld daneben will er im Herbst etwa 1000 kg Rüben ernten. Wie viel kg Kartoffeln wird er wohl ernten?

c) Die Klasse 4a hat im Schulgarten 1500 g Saatkartoffeln gelegt. Wie viel kg Kartoffeln erhofft sie sich?

Zahlen laut lesen. **1** Multiplikation von rechts nach links fortsetzen.
6 b) Eine Angabe wird für die Lösung der Aufgabe nicht gebraucht.

1

___ : 10 → ___ : 10 → ___ : 10 → ___ : 10 → ___

ZT	T	H	Z	E
4				

ZT	T	H	Z	E

ZT	T	H	Z	E

ZT	T	H	Z	E

ZT	T	H	Z	E

Erkläre.

2 Zeichne eine Stellentafel und trage ein.

a)
80 000
80 000 : 10
80 000 : 10 : 10
80 000 : 10 : 10 : 10
80 000 : 10 : 10 : 10 : 10

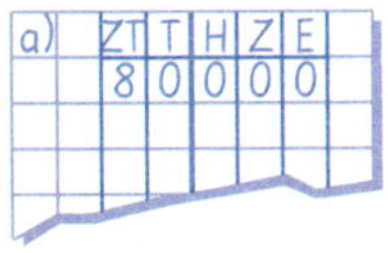

b)
900 000
900 000 : 10
900 000 : 10 : 10
900 000 : 10 : 10 : 10
900 000 : 10 : 10 : 10 : 10

3

a)
70 : 10
700 : 10
7 000 : 10
70 000 : 10
700 000 : 10

b)
400 : 100
4 000 : 100
40 000 : 100
400 000 : 100
4 000 000 : 100

c)
300 : 100
5 200 : 100
349 000 : 100
869 400 : 100
1 493 000 : 100

d)
12 000 : 1 000
130 000 : 1 000
158 000 : 1 000
239 000 : 1 000
1 920 000 : 1 000

4 Robin hat vier **Plättchen** in die Stellentafel gelegt.

M	HT	ZT	T	H	Z	E
		●●●●				

a) Wie heißt die Zahl?
b) Robin schiebt die vier Plättchen eine Spalte nach rechts. Wie heißt die Zahl jetzt?
c) Verschiebe die Plättchen immer weiter nach rechts. Schreibe die Zahlen auf.

5 Lege 5 Plättchen in die leere Stellentafel. ● ● ● ● ●

a) Schreibe die größte Zahl auf.
b) Schreibe die kleinste Zahl auf.

M	HT	ZT	T	H	Z	E

6 Emma hat ihre zwölf Plättchen so gelegt:

M	HT	ZT	T	H	Z	E
	●●	●●	●●	●●	●●	●●

a) Wie heißt die Zahl?
b) Sie verschiebt zwei Plättchen.
Wie könnte die Zahl jetzt heißen? Schreibe mehrere Möglichkeiten auf.

W

7 8 · 30 | 7 · 60 | 5 · 50 | 6 · 40 | 7 · 90 | + | 3 · 60 | 7 · 40 | 5 · 40 | 7 · 20 | 4 · 50

4 bis 6 Kopiervorlage nutzen. Die Kinder entdecken: Verschieben nach rechts bedeutet Dividieren durch eine Stufenzahl, nach links bedeutet Multiplizieren.

Multiplizieren und Dividieren mit großen Zahlen

1

a)	b)	c)	d)	e)
2 · 3	300 · 7	9 · 8	4 · 9	4 · 7
2 · 30	30 · 7	9 · 80	40 · 9	40 · 7
2 · 300	3 · 7	90 · 8	400 · 9	400 · 7
2 · 3000	3 · 70	90 · 80	4 · 90	4000 · 7
2 · 30000	30 · 70	900 · 80	40 · 900	40000 · 7
2 · 300000	300 · 70	900 · 800	400 · 9000	400000 · 7

2

a)	b)	c)	d)	e)
10 : 5	56 : 8	24000 : 6	28 : 7	5600 : 40
100 : 5	560 : 8	24000 : 60	280 : 7	560 : 40
1000 : 5	5600 : 8	24000 : 600	280 : 70	32000 : 8
10000 : 5	56000 : 8	24000 : 6000	2800 : 70	32000 : 80
100000 : 5	560000 : 8	240000 : 60000	2800 : 700	720 : 90
1000000 : 5	560 : 80	240000 : 6000	28000 : 700	7200 : 900

3 Rechne viele verwandte Aufgaben.

a) 7 · 4

a) 7 · 4 =
7 · 4000 =
70 · 400 =

b) 9 · 3
c) 8 · 7
d) 48 : 6
e) 72 : 9
f) 32 : 8
g) 42 : 7

4

Probealarm
in der Mauritiusschule

Brake. Die Jugendfeuerwehr konnte am 23. 11. ihre Kraft unter Beweis stellen: Sie verlegte bei einer Übung eine Leitung aus 60 Schläuchen, von denen jeder 20 m lang und 30 kg schwer war.

a) Wie weit wurde das Wasser geleitet?
b) Wie schwer war die fertige Schlauchleitung?
c) Wie lang wäre die Schlauchleitung, wenn jeder Schlauch 5 m länger wäre?
d) Wie lange dauerte die Übung?

5

6

ZAHLENJAGD

- Ein Kind schreibt verdeckt eine Tausenderzahl auf.
- Die anderen „erfragen" die Zahl mit Multiplikationsaufgaben.

Wie heißt die versteckte Zahl?

4 c) Weitere Aufgaben durch Variation der Bedingungen bilden. d) Scherzaufgabe.

1

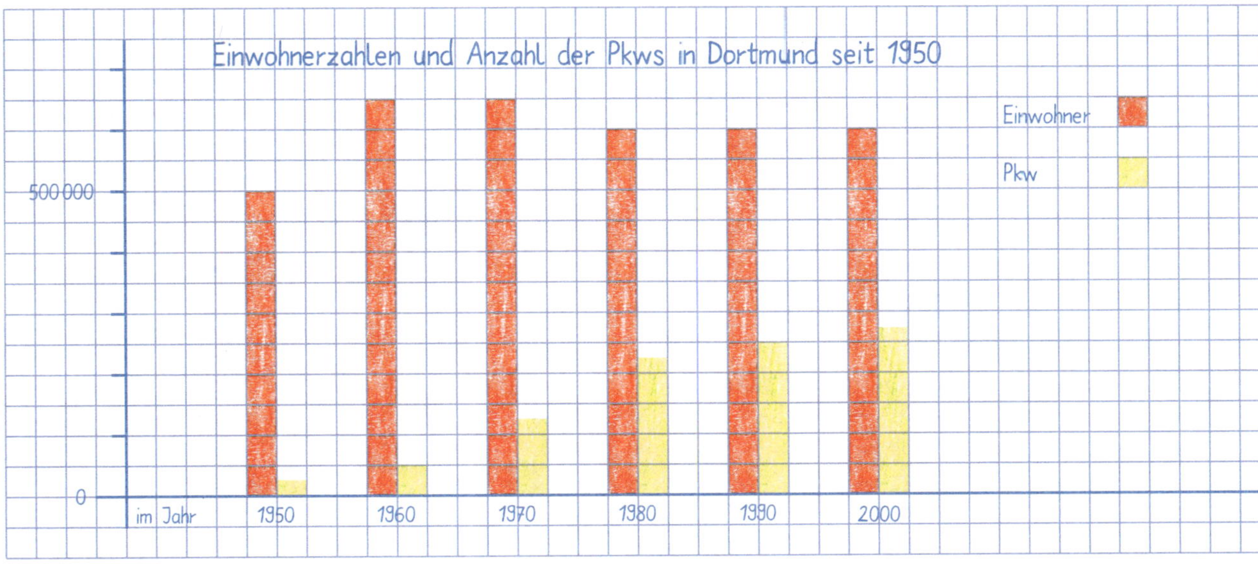

a) Erkläre die roten und gelben Säulen im Schaubild.
b) Lies die Zahlen ab und übertrage sie in eine Tabelle.
c) Beschreibe die Entwicklung der Einwohnerzahlen.
d) Wie hat sich die Anzahl der Pkws in Dortmund entwickelt?
e) Vergleiche Schaubild und Tabelle.
Wo kannst du die Daten besser ablesen?

Jahr	Einwohnerzahl	Pkws
1950	500 000	25 000
1960		

2 Anzahl der Fahrräder in Dortmund seit 1950

Jahr	Fahrräder
1950	278 390
1960	389 470
1970	374 290
1980	391 580
1990	453 410
2000	462 730

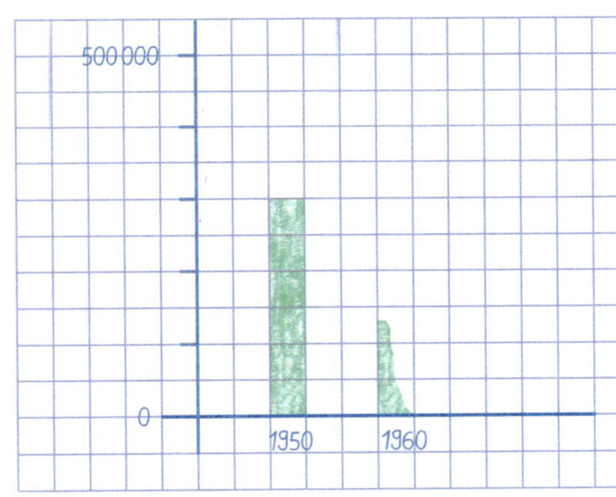

Runde auf Hunderttausender.
Übertrage die Tabelle in ein Schaubild.

W

3

Im Zirkus – Überschlagen

1 Der Zirkus Paletti ist in der Stadt.
In der Nachmittagsvorstellung wurden 2 423 Karten verkauft, in der Abendvorstellung 2 618 Karten.
Der Reporter überschlägt, wie viele Besucher es an diesem Tag waren.

2 Überschlage nur.
a) Unter den 2 423 Zuschauern waren 744 Erwachsene. Wie viele Kinder besuchten ungefähr die Vorstellung?
b) Die 744 Erwachsenen bezahlten je 8 €. Wie hoch waren die Einnahmen?
c) Die Kinder mussten je 5 € bezahlen.

3 Das Zirkusunternehmen möchte sich einen Überblick über die Besucherzahlen verschaffen.

	Hamburg	Frankfurt	Osnabrück	Münster	Bremen	Mainz	Kiel
Loge	275	389	261	198	229	213	167
Sperrsitz	1 831	2 569	2 351	3 107	2 673	1 429	899
Parkett	2 489	3 795	3 459	4 444	3 963	2 424	1 342

a) Überschlage: Wie viele Besucher sahen in jeder Stadt die Vorstellung?
b) Wo waren die meisten Besucher? Wo waren die wenigsten Besucher?
c) Wie viele Zuschauer hatte der Zirkus in allen sieben Städten zusammen? Überschlage.
d) Zeichne ein Schaubild.

4 Besucherzahlen im Zirkus Mircalli

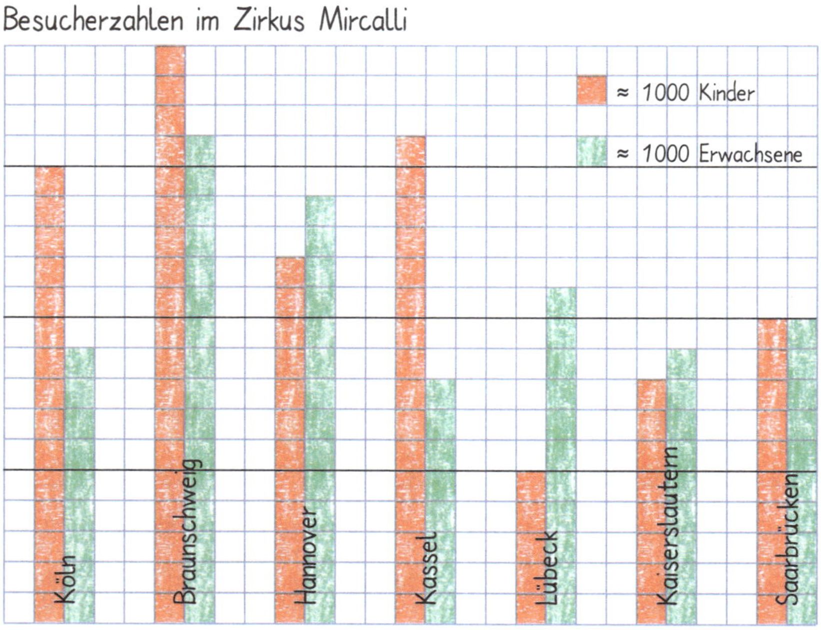

a) Erklärt das Schaubild.
b) Wie viele Kinder und Erwachsene sind es jeweils?
Lege eine Tabelle an.
c) Wie viele Kinder sind es insgesamt?
d) Wie viele Erwachsene sind es insgesamt?

W

5 Rechne nur die lösbaren Aufgaben.

7751 68797 24354 13917 8476 − 5426 3697 9653 8168

Schriftliches Multiplizieren

1 

3 · 312

Mein Weg:

312
312
+ 312
Anna

3 · 300 = 900
3 · 10 = 30
3 · 2 = 6
Tim

H	Z	E		
3	1	2	·	3
T	H	Z	E	
	9	3	6	

3 · 2 E = 6 E
3 · 1 Z = 3 Z
3 · 3 H = 9 H

2 a) 2313 · 3 b) 2331 · 3 c) 2121 · 4 d) 2211 · 4

3 a) 234 · 3 b) 214 · 4 c) 131 · 5 d) 211 · 6

3 · 4 = 12
Ich schreibe 2 und merke mir einen Zehner.

4
a) 1503 · 4 b) 15030 · 4 c) 12068 · 7 d) 126080 · 7
e) 90640 · 6 f) 650840 · 8 g) 706954 · 9 h) 543210 · 5
i) 1230945 · 4 j) 75403670 · 3 k) 9080706 0 · 5

6012 45678 60120 84476 543840 882560 2716050 4923780 5206720 6362586 226211010 454035300

5 Ein Kind multipliziert, das andere addiert zur Kontrolle.

a)	b)	c)	d)
703 · 3	302 · 3	401 · 4	702 · 6
7031 · 3	2302 · 3	11401 · 4	7012 · 3
17130 · 3	3202 · 3	4101 · 4	27210 · 0
7310 · 3	23022 · 3	4011 · 4	7010 · 6

6 Lege mit den Ziffernkarten 5 6 7 8 9 eine vierstellige Zahl und eine einstellige Zahl. Multipliziere.
a) Lege die Karten so, dass das Produkt besonders klein ist.
b) Lege die Karten so, dass das Produkt besonders groß ist.

W

7 Rechne nur die lösbaren Aufgaben.

8706 59876 5438 33215 72561 − 5439 8704 4687 11982

1 Evtl. Material legen. Halbschriftliche und schriftliche Verfahren gegenüberstellen.
3 Sprich: „2 hin, 1 im Sinn." 5 Partnerarbeit.

Schriftliches Multiplizieren

1

Wie viele Brötchen braucht deine Familie im Jahr?

2 Daniels Familie kaufte im letzten Jahr an 207 Tagen je 4 Brötchen. Wie viele Brötchen waren es insgesamt?

3 An Annas Familie wurden im letzten Jahr an 318 Tagen je 3 Brötchen geliefert.

4 Familie Schulz kaufte im vergangenen Jahr täglich je 6 Brötchen.

5 Starke Päckchen 2

a)	b)	c)	d)	e)
36 · 4	98 · 5	87 894 · 1	999 · 8	71 104 · 1
72 · 4	196 · 5	87 894 · 2	1 998 · 4	35 552 · 2
144 · 4	392 · 5	87 894 · 4	3 999 · 2	17 776 · 4
288 · 4	784 · 5	87 894 · 8	7 992 · 1	18 888 · 8

6 Acht Ergebnisse sind falsch. Prüfe nach und erkläre die Fehler.

Pia
a) 231 · 3 = 693 ✓
b) 907 · 8 = 7265 ✗
c) 659 · 7 = 4613 ✓

Lara
a) 529 · 7 = 3693 ✗
b) 3844 · 7 = 26908 ✓
c) 1234 · 4 = 4826 ✗

Timo
a) 27001 · 6 = 162006 ✓
b) 1496 · 8 = 11968 ✓
c) 5689 · 6 = 34124 ✗

Ida
a) 1864 · 9 = 16776 ✓
b) 721 · 7 = 547 ✗
c) 9080 · 5 = 45005 ✗

Ali
a) 32407 · 8 = 249256 ✗
b) 6708 · 6 = 40448 ✗
c) 98765 · 3 = 296295 ✓

7 Findest du die fehlenden Ziffern?

a) 4521 · 5 = 22□05
b) 3063 · 4 = 12□5□
c) 6807 · 8 = 5□4□6
d) 1099 · 7 = □6□3
e) 824□ · 3 = 24720
f) □50□ · 4 = 38016
g) 9□3□ · 8 = 72240
h) 54□□ · 5 = 27125
i) 51□ · 3 = 15□9
j) 42□0 · 3 = 12□9□
k) □6□54 · 5 = 8□77□
l) 40□5□ · 9 = 36□4□0

Überprüfe durch Nachrechnen.

6 Evtl. halbschriftlich überprüfen.

Schulwege

Schulbus-haltestelle

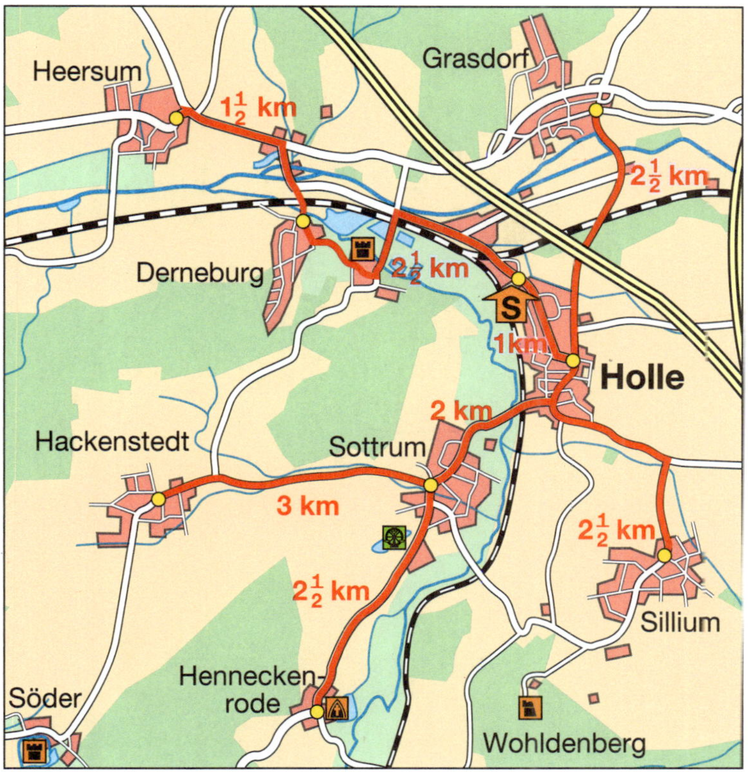

1 Viele Kinder fahren in die Grundschule nach Holle. Erzähle und rechne.

2 Anne fährt mit dem Bus von Sillium zur Grundschule in Holle. Sie möchte wissen, wie viele Kilometer sie in vier Schuljahren fährt.

Ein Schuljahr hat etwa 182 Tage.

Wie viel km an einem Tag?

Wie viel km in einem Schuljahr?

Beschreibe deinen Lösungsweg.

3 Berechne deinen Schulweg.
a) Finde heraus, wie viel Kilometer dein Schulweg hat.
b) Wie viel Kilometer sind es in einem Schuljahr?

4

Dennis aus Derneburg besucht 3 Jahre die Grundschule Holle.
Leo

Petra wohnt in Sottrum. Wie viel km Schulweg hat sie in einem Schuljahr?
Britta

Stefanie wohnte 2 Jahre in Grasdorf, dann 2 Jahre in Sillium. Wie viel km Schulweg hatte sie in 4 Jahren?
Laura

Frau Breiter aus Heersum ist Lehrerin an der Schule in Holle. Sie ist im letzten Jahr 230-mal in die Schule gefahren.
Anna

Timo wohnt 1 km von der Schule weg. Wie viele km Schulweg ist er in vier Jahren gegangen?
Lena

Denkt euch selbst weitere Aufgaben aus.

5 Denke dir zu jeder Rechnung einen Aufgabentext aus. Schreibe ihn auf und gib ihn zum Ausrechnen weiter.

a) $2 \cdot 2\frac{1}{2}$ km = 5 km
182 · 5

b) $2 \cdot 4$ km = 8 km
182 · 8

c) $2 \cdot 3\frac{1}{2}$ km = 7 km
182 · 7

6 Alle Kinder gehen in die Grundschule Holle. Wo könnten sie wohnen?
a) Jule geht im Schuljahr 364 km.
b) Lisa fährt 1 092 km.
c) Anna fährt 1 274 km.
d) Tilo fährt 910 km.
e) Davut geht 182 km.
f) Julian fährt 2 184 km.

Hin- und Rückwege berechnen.
6 Evtl. Tabelle anlegen.

Schriftliches Multiplizieren – Kommazahlen

1 

Wie viel kosten 5 Nelken?

79 ct · 5
ct
Tim

0,79 € · 5
3,95 €
Lisa

5 · 0,79 €
5 · 70 ct =
5 · 9 ct =
Thomas

Stellt selbst einen Strauß zusammen. Wie teuer ist er?

2

5 Nelken 2 Rosen Anna	2 Gerbera 4 Lilien Tim	4 Rosen 3 Nelken Marie	2 Nelken 7 Rosen Daniel

a) Wie viel müssen die Kinder für ihre Sträuße bezahlen?
b) Stellt selbst Sträuße zusammen. Wie teuer sind sie?

3 Rechne auch eine Probe.

a) 0,84 € · 6
20,84 € · 6
208,84 € · 6
2 028,84 € · 6

a) 0,84 € · 6
5,04 €
Probe: 6 · 84 ct
6 · 80 ct
6 · 4 ct

b) 0,24 € · 9
70,24 € · 9
702,24 € · 9
7 072,04 € · 9

c) 51,16 € · 2
9,72 € · 3
5,67 € · 4
5,76 € · 5

d) 13,92 € · 9
2,88 € · 9
313,32 € · 4
9,72 € · 3

4 a) Ein Rosenbeet im Westfalenpark soll mit 5 Rosenstöcken bepflanzt werden.
b) Für eine Rosenhecke werden 9 Rosenstöcke gepflanzt.
c) Wie teuer wäre die Rosenhecke, wenn ein Rosenstock 17,48 € kosten würde?
d) Die Ludwigschule hat 320 €. Wie viele Rosenstöcke kann sie dafür kaufen?

5 7,09 € | 70,90 € | 709,90 € | 7090,90 € | · | 2 | 6 | 8

14,18 € 42,54 € 56,72 € 141,80 € 425,40 € 567,20 € 1 419,80 € 4 259,40 € 5 679,20 € 5 789,20 € 14 181,80 € 42 545,40 € 56 727,20 €

W

6 8 · 40 | 7 · 70 | 9 · 30 | 10 · 50 | 6 · 80 | − | 7 · 30 | 2 · 60 | 4 · 70 | 2 · 80 | 3 · 50

1 Klären, was die beiden Stellen hinter dem Komma bedeuten.
4 d) Entscheiden, ob eine Überschlagsrechnung ausreicht.

1

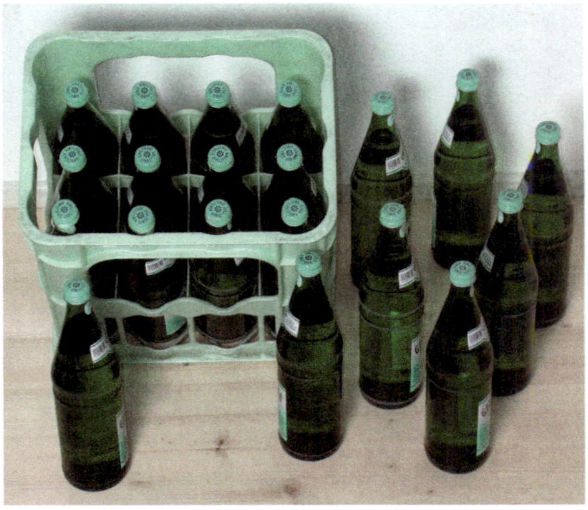

Die Lutherschule verbraucht täglich etwa 20 Flaschen Wasser.
Wie viele Flaschen werden in einem Schuljahr (182 Tage) verbraucht?

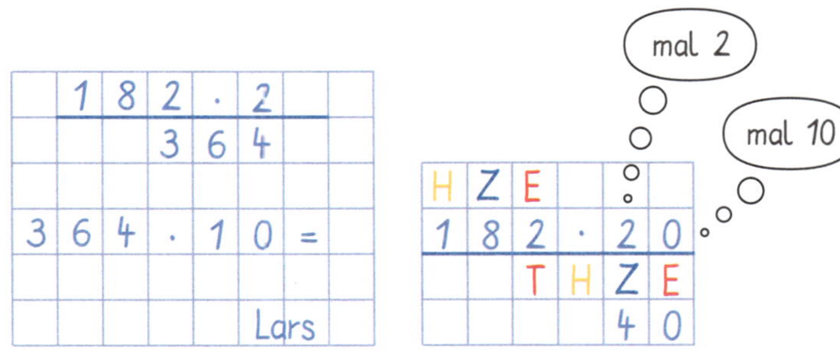

2 Multipliziere schriftlich. Überschlage vorher.

starke Päckchen 2

a) 472 · 20
472 · 40
472 · 80
472 · 60

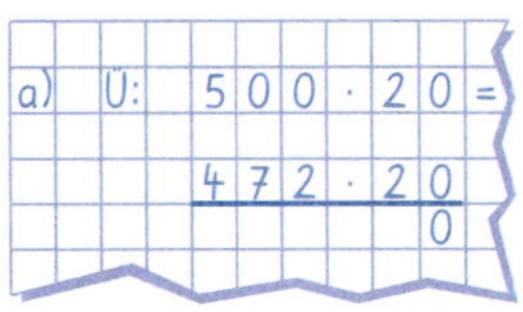

b) 241 · 90
20041 · 30
2041 · 60
2401 · 30

c) 721 · 70
1442 · 70
2884 · 70
5768 · 70

d) 419 · 40
5678 · 90
6990 · 70
7884 · 80

3 Rechne im Kopf oder schriftlich.

a) 751 · 100
751 · 200
751 · 400
751 · 80

b) 694 · 100
694 · 20
694 · 400
694 · 800

c) 234 · 800
468 · 400
936 · 200
1872 · 10

d) 146 · 900
292 · 30
584 · 100
1168 · 0

4

a) 486 · 700
846 · 700
728 · 500

b) 1409 · 200
4019 · 200
3051 · 300

c) 4090 · 400
6070 · 600
1608 · 500

d) 9999 · 900
18888 · 700
98765 · 500

281800 340200 364000 592200 803800 804000 915300 1231600 1636000 3642000 8999100 13221600 49382500

5

a) Eine Person sollte täglich etwa 300 g Gemüse essen.
Wie viel kg wären das in 2 Jahren?

b) Täglich sollte man etwa 400 g Obst essen.
Wie viel kg wären das in 10 Jahren?

c) Eine Person in Deutschland isst täglich etwa 200 g Brot.
Wie viel kg sind das in ______ Jahren?

W

6 Rechne schriftlich oder im Kopf.

a) 1200 6440 9390 2685 **+** 4170 6785 3500

b) 8000 7500 7918 5017 **−** 3000 4800 2179

4700	5370	5680	6185
6855	7985	9470	9940
10610	12890	13225	13560
16175			

217	1426	2017	2700
2838	3118	3200	4500
4918	5000	5321	5739
5821			

5 c) „Geöffnete" Sachaufgabe. Zeitraum selbst wählen.

Kilometer, Meter – Kommaschreibweise

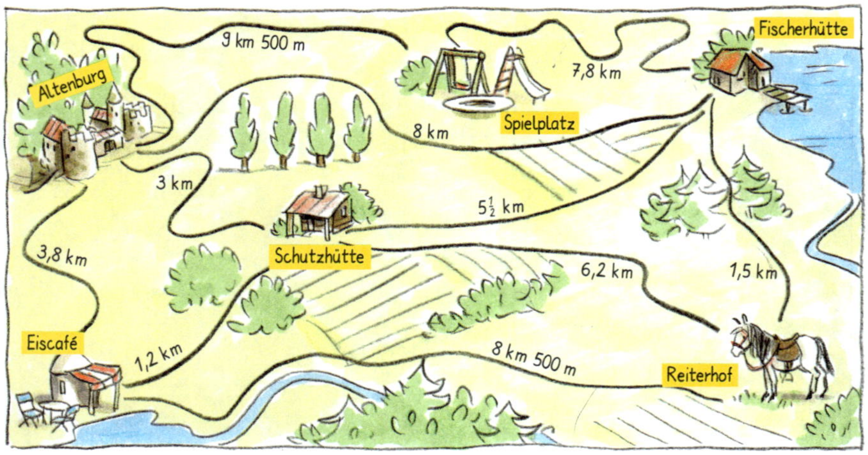

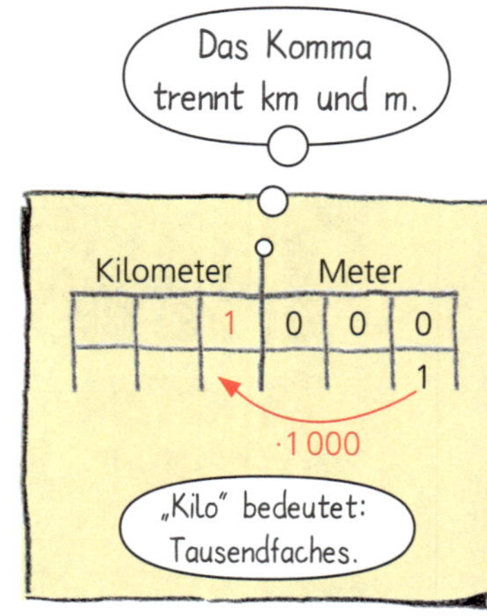

1 Wie lang sind die Wege
a) vom Reiterhof zur Fischerhütte?
b) vom Reiterhof nach Altenburg?
c) vom Eiscafé zur Fischerhütte?

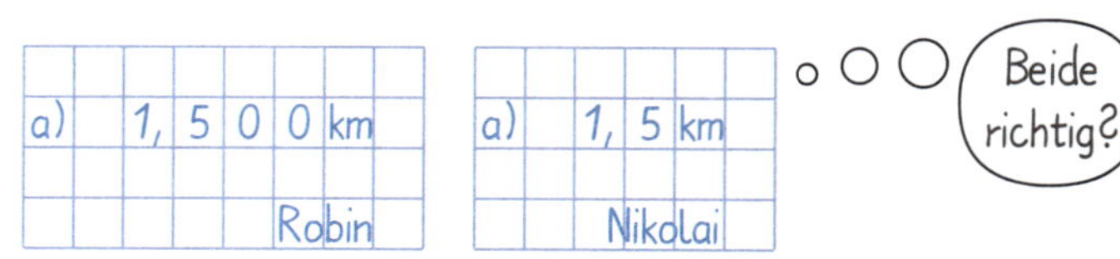

2 Wo könnten die Wandergruppen jetzt sein?
a) Familie Schnell ist von der Fischerhütte 11,700 km gewandert.
b) Familie Oskamp ist beim Reiterhof gestartet und hat schon 20,700 km geschafft.
c) Familie Weiß ist beim Eiscafé gestartet und ist nach 27,8 km am Ziel angekommen.

3 

Könnte man alle Orte besuchen, ohne einen Weg doppelt zu gehen?

4 Schreibe mit Komma.

a) 1 km 300 m, 1 km 550 m, 1 km 428 m, 1 km 303 m, 1 km 99 m

a) 1 km 3 0 0 m = 1,3 0 0 km

b) 2 km 500 m, 2 km 50 m, 2 km 5 m, 2 km 55 m, 5 m

c) 3 km 400 m, 4 km 50 m, 5 km 6 m, 6 km 666 m, 7 m

d) $10\frac{1}{2}$ km, $12\frac{1}{2}$ km, $5\frac{1}{2}$ km, $7\frac{1}{2}$ km, $\frac{1}{2}$ km

5 Wandle um.

a) 1600 m, 160 m, 16 m

a) 1 6 0 0 m = 1 km 6 0 0 m = 1,6 km

b) 15 320 m, 1532 m, 150 m

c) 3 m, 36 m, 5432 m, 895 m, 29 050 m

d) 365 m, 6 m, 16 789 m, 76 m, 5321 m

e) 876 543 m, 84 067 m, 605 040 m, 36 543 m, 123 456 m

6 Vergleiche. Setze ein: > oder < oder =.

a)
4450 m ◯ $4\frac{1}{2}$ km
4500 m ◯ $4\frac{1}{2}$ km
4505 m ◯ $4\frac{1}{2}$ km
4055 m ◯ $4\frac{1}{2}$ km
4555 m ◯ $4\frac{1}{2}$ km

b)
5,730 km ◯ 580 m
0,460 km ◯ 4630 m
1,2 km ◯ 1020 m
4,300 km ◯ 4340 m
6,008 km ◯ 6100 m

c)
4,5 km ◯ 4,499 km
7,9 km ◯ 7,900 km
0,1 km ◯ 0,010 km
10,8 km ◯ 1,800 km
5,8 km ◯ 5,855 km

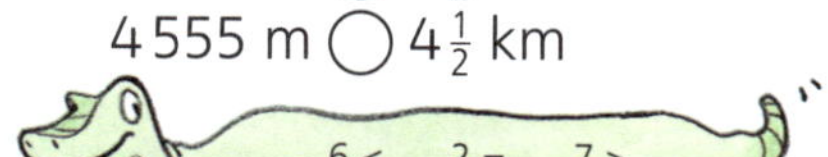

1

a) Passt das Regal noch an die Rückwand?
b) Passt der Wagen mit Gepäckbox in die Garage?

Sind so genaue Maße immer wichtig?

2

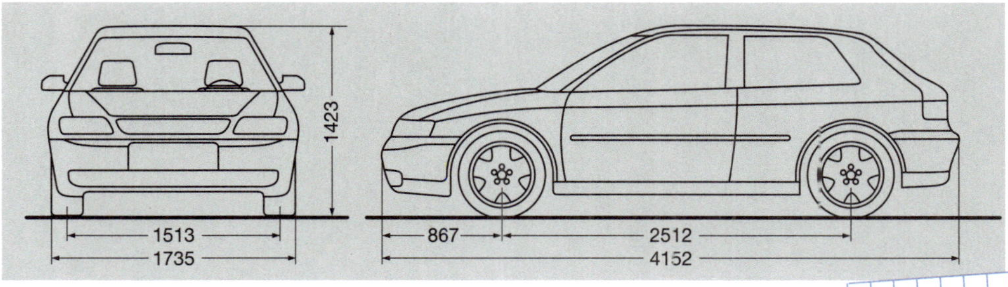

Im Katalog sind die Maße des Autos genau in Millimeter angegeben.

Rechne die Maße um in m, cm und mm.

a) 1735 mm = 1 m 73 cm 5 mm

3 Passt das Auto in die Garage?
a) Frau Voß kauft einen Van mit 1 900 mm Höhe und 5 490 mm Länge.
b) Frau Lammels Auto hat folgende Maße: 1 817 mm breit, 1 421 mm hoch und 4 520 mm lang .

4 Hausaufgabe:

Wie lang ist euer Auto?

Wie breit ist euer Auto?

Wie hoch ist es?

Würde es in die Garage von Aufgabe 1 passen?

5 Zeichne die Strecken mit gespitztem Bleistift.
Gib die Längen in zwei Schreibweisen an.

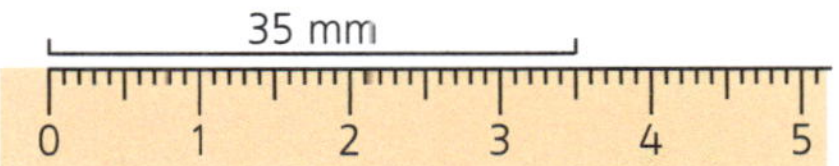

a) 3 cm 5 mm
8 cm 2 mm
10 cm 2 mm
7 cm 3 mm
6 cm 9 mm

a) 3 cm 5 mm
3 5 mm

b) 25 mm
43 mm
102 mm
56 mm
113 mm

c) $\frac{1}{2}$ cm
$1\frac{1}{2}$ cm
$3\frac{1}{2}$ cm
$5\frac{1}{2}$ cm
$9\frac{1}{2}$ cm

d) 1 cm 9 mm
0 cm 4 mm
11 cm 0 mm
8 cm 6 mm
10 cm 1 mm

6 Wandle um in Millimeter.

a) 1 cm
10 cm
100 cm
200 cm
20 cm
220 cm

a) 1 cm = 10 mm
10 cm =

b) 4 cm
14 cm
140 cm
150 cm
250 cm
255 cm

c) 2 cm 4 mm
12 cm 4 mm
120 cm 4 mm
110 cm 3 mm
101 cm 1 mm
183 cm 7 mm

d) $\frac{1}{2}$ cm
$1\frac{1}{2}$ cm
$2\frac{1}{2}$ cm
1 m
$1\frac{1}{2}$ m
$4\frac{1}{2}$ m

e) 2 cm
11 cm
17 cm
3 m
15 m
34 m

4 Messen oder die Maße dem Fahrzeugschein entnehmen.

Meter, Dezimeter, Zentimeter, Millimeter

1 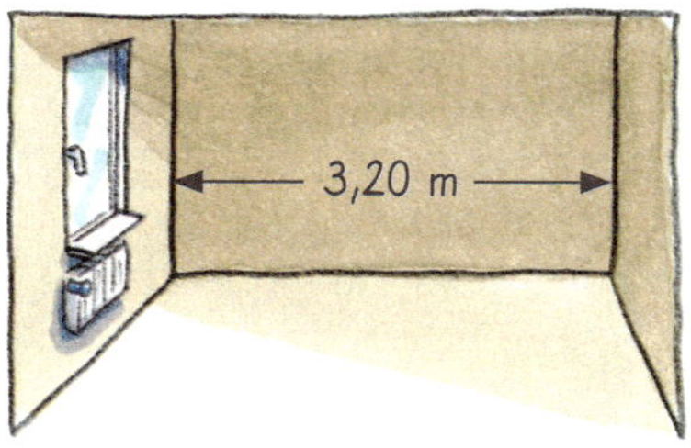

Im Kinderzimmer soll eine 3,20 m lange Regalwand aufgestellt werden. Diese Brettlängen stehen zur Verfügung.
a) Stelle eine Regalwand zusammen.
b) Finde weitere Möglichkeiten.
c) Welche Möglichkeiten gäbe es, wenn die Wand 20 cm breiter wäre?

2 Das Kinderzimmer ist 4,85 m breit. Vier Regale stehen schon an der Wand. Das erste Regal ist 30 cm breit, das zweite Regal 1,20 m, das dritte Regal 2,40 m und das vierte Regal 35 cm breit. Überlege: Ist noch Platz für ein 90 cm breites Bett?

„Zenti"meter bedeutet: der hundertste Teil eines Meters.

3 Rechne um in Zentimeter.

a)	b)	c)	d)	e)
1 m	2 m	$\frac{1}{2}$ m	3 m 40 cm	19 m 5 cm
10 m	20 m	$1\frac{1}{2}$ m	5 m 4 cm	124 m 80 cm
100 m	300 m	$4\frac{1}{2}$ m	6 m 44 cm	86 m 4 cm
1 000 m	4 000 m	$16\frac{1}{2}$ m	14 m 3 cm	254 m 66 cm

4 Rechne um in Zentimeter.

a)	b)	c)	d)	e)	f)
2,70 m	5,3 m	24,80 m	0,25 m	0,49 m	0,01 m
2,07 m	15,03 m	224,88 m	0,05 m	0,04 m	0,10 m
2,7 m	5,30 m	224,08 m	0,5 m	0,4 m	0,11 m
2,77 m	15,33 m	24,8 m	0,55 m	0,9 m	1,0 m

5 Jeweils **drei Schreibweisen** für dieselbe Länge.

a) 5 m 3 cm = 5,03 m = 503 cm

a)	b)	c)	d)	e)
5 m 3 cm	10 m 1 cm	4,08 m	0,35 m	5 m 12 cm 8 mm
5 m 30 cm	10 m 10 cm	4,80 m	0,03 m	35 m 9 cm 4 mm
5 m 33 cm	10 m 11 cm	4,8 m	0,65 m	145 m 4 cm 6 mm
15 m 3 cm			0,06 m	263 m 13 cm 1 mm
25 m 1 cm			0,6 m	1 430 m 20 cm 2 mm

1 Dezimeter = 10 cm

„Dezi"meter bedeutet: der zehnte Teil eines Meters.

6 Rechne um in Dezimeter.

a)	b)	c)	d)	e)	f)
20 cm	100 cm	1 m	$\frac{1}{2}$ m	0,5 m	800 mm
30 cm	400 cm	2 m	$1\frac{1}{2}$ m	0,3 m	1 000 mm
50 cm	700 cm	15 m	$10\frac{1}{2}$ m	1,2 m	1 200 mm
60 cm	900 cm	30 m	$5\frac{1}{2}$ m	2,8 m	5 000 mm

7 zum Knobeln

Eine Raupe will auf einen Baum kriechen. Sie schafft in der ersten Stunde 0,80 m, in der zweiten Stunde rutscht sie 12 cm nach unten. In der dritten Stunde kriecht sie wieder 0,80 m nach oben und rutscht in der nächsten Stunde 12 cm nach unten. Wie hoch kommt die Raupe in 5 Stunden?

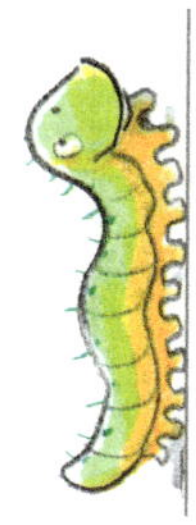

1 und 2 Produktives Üben. Skizzieren und rechnen.

1

Marie prüft die Ecken.

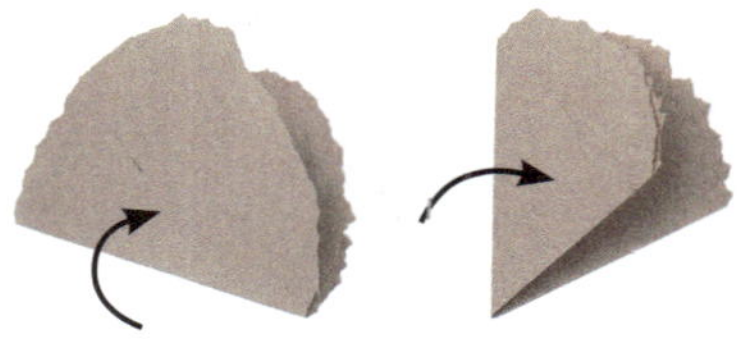

Dafür hat sie sich einen Faltwinkel hergestellt.

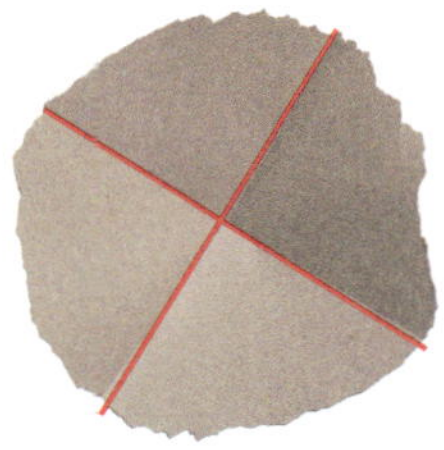

Die Faltlinien stehen senkrecht aufeinander.

Stelle auch einen Faltwinkel her.
Suche im Klassenraum rechte Winkel.

> Der Faltwinkel ist ein **rechter Winkel**.
> Die Karten stehen senkrecht aufeinander.

2 Welche Linien stehen senkrecht aufeinander? Prüfe.

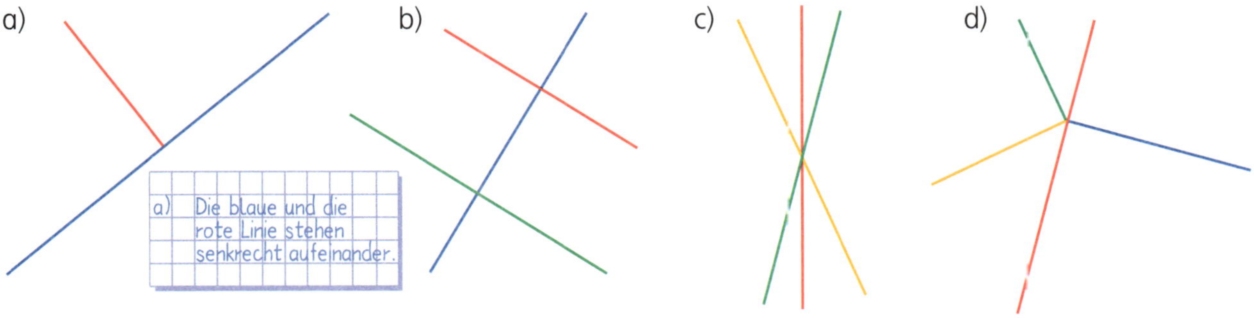

3

A „Es gibt kein Dreieck mit zwei rechten Winkeln."

B „Das Quadrat hat vier rechte Winkel."

C „Ein Sechseck hat sechs rechte Winkel."

D „Ein Kreis kann einen rechten Winkel haben."

E „Ein Dreieck kann einen rechten Winkel haben."

F „Ein Rechteck hat keinen rechten Winkel."

Überprüfe durch Probieren.

4 Leonie und Tim wollen Regale aufstellen.
Sie prüfen mit einer Wasserwaage und einem Lot. Erkläre.

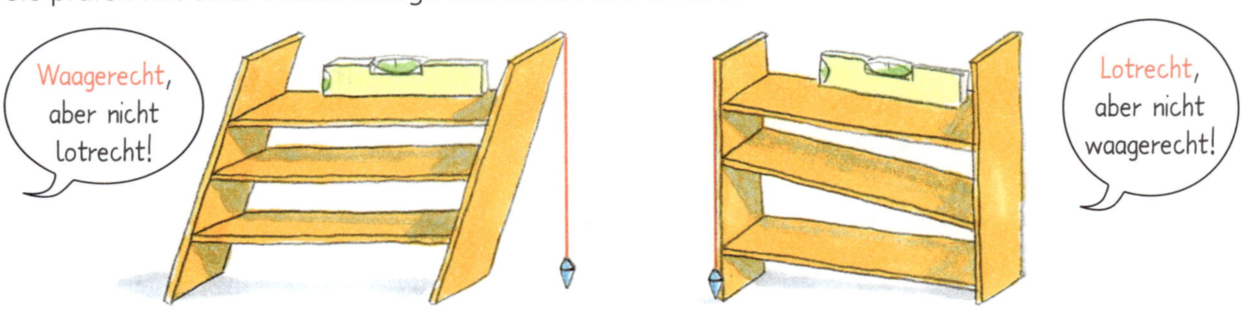

5

2637	3516	6153	7911
23253	25428	31004	33904
50751	54257	59332	67668
69759	76234	76284	118419
152253			

W

2 Diff.: Aufeinander senkrecht stehende Linien zeichnen.
3 Vier Aussagen sind richtig. **4** Ein Lot herstellen. Regale prüfen.

Das Geodreieck – rechter Winkel

1

Die Kinder zeichnen **rechte Winkel** mit dem Geodreieck.

Probiere und vergleiche.

2 Daniel zeichnet ein Rechteck.
Wie lang und wie breit ist es?

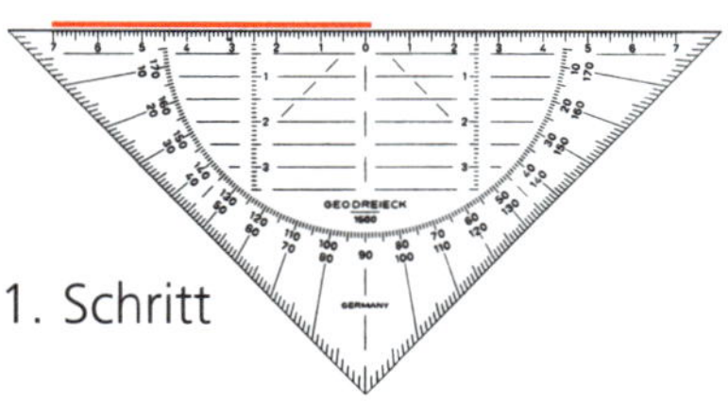

1. Schritt

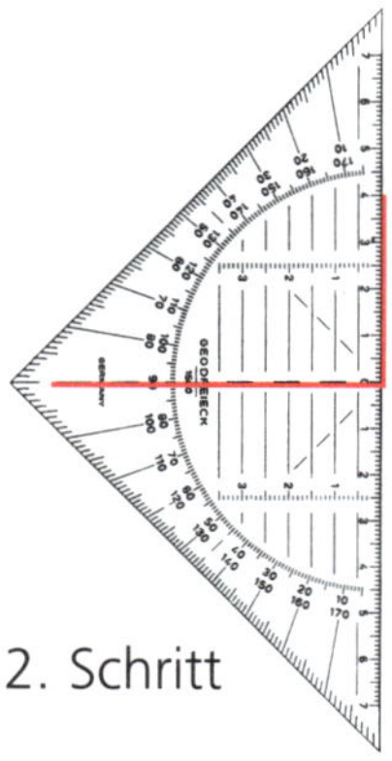

2. Schritt

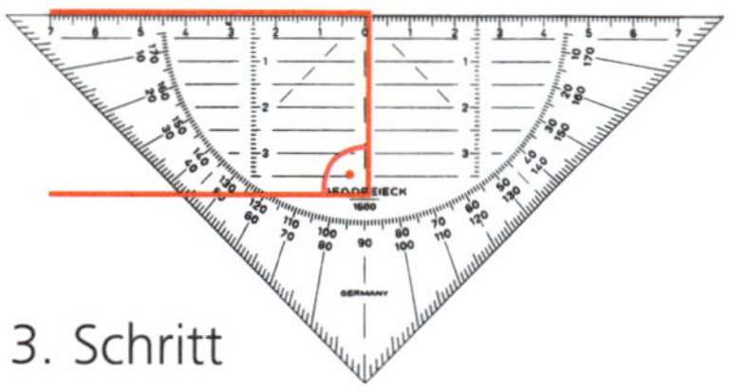

3. Schritt

Wie geht es weiter?

3 Zeichne wie Daniel Rechtecke auf Papier ohne Kästchen.

	A	B	C	D	E	F	G	H	I
Länge	5 cm	6 cm	12 cm	14 cm	45 mm	75 mm	100 mm	140 mm	68 mm
Breite	4 cm	6 cm	7 cm	14 cm	30 mm	15 mm	85 mm	115 mm	32 mm

4 a) Welche Vierecke sind Rechtecke? Überprüfe mit dem Geodreieck.

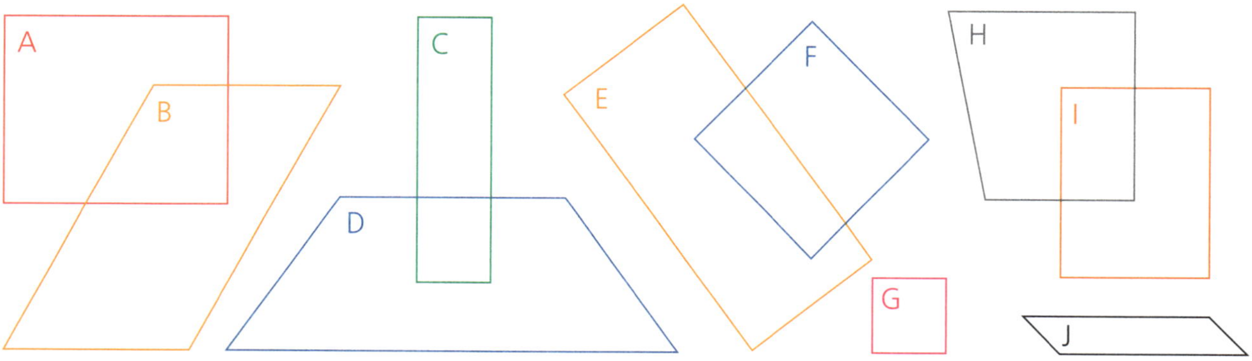

b) Zeichne nur die Vierecke mit vier rechten Winkeln nach.

W

5 Wandle um.

a) in Kilometer
4000 m
2500 m
13600 m
28400 m

b) in Kilometer
358 m
15723 m
118000 m
227800 m

c) in Meter
444 cm
5687 cm
2020 cm
3968 cm

d) in Meter
875 cm
6666 cm
8045 cm
7486 cm

e) in Meter
65 mm
100 mm
2000 mm
4850 mm

1 Das exakte Zeichnen der Ecke erfahren.
2 und 4 Quadrat als Rechteck thematisieren.

Parallele Linien

1 Die Eisenbahnschienen verlaufen **parallel.**
Warum muss das so sein?

2 Wo findet ihr in der Klasse oder auf dem Schulhof parallele Linien?

3 So zeichnet Ines mit dem Geodreieck parallele Linien.

Probiere selbst.

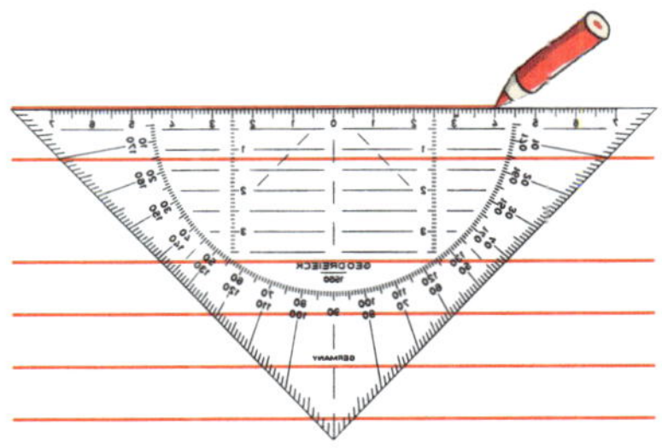

4 Wie groß ist der Abstand der blauen Linie von der roten?

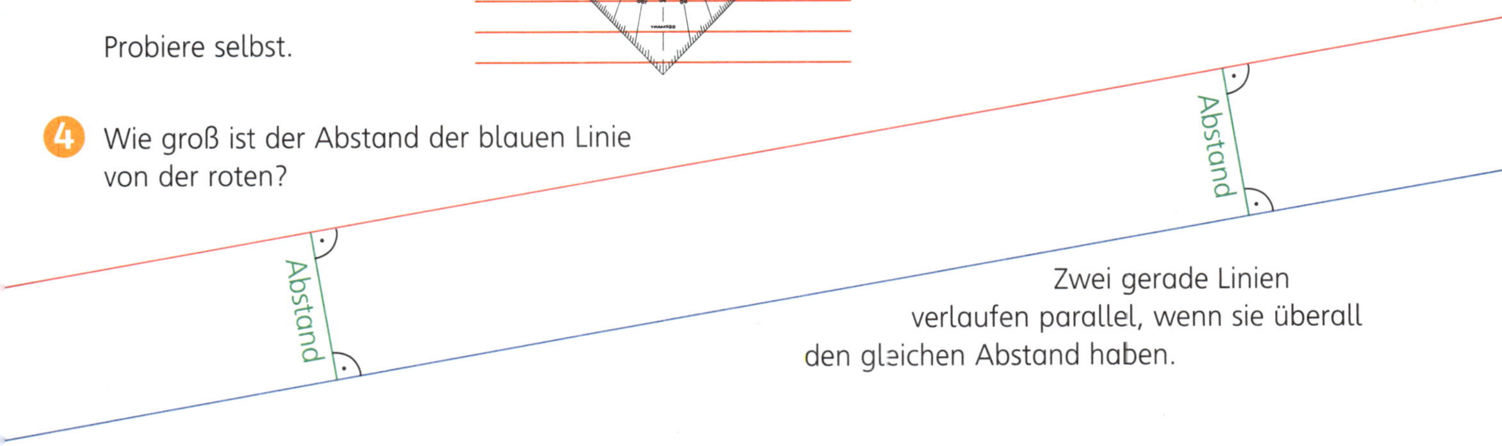

Zwei gerade Linien verlaufen parallel, wenn sie überall den gleichen Abstand haben.

5 Zeichne parallele Linien mit dem Abstand

a) 1 cm b) 3 cm c) 25 mm d) 60 mm e) 10 cm f) $3\frac{1}{2}$ cm

6 Parallel oder nicht? Überprüfe mit dem Geodreieck.

A
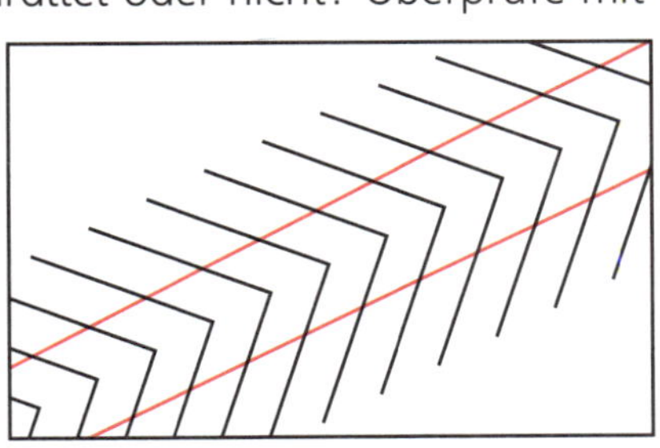

B
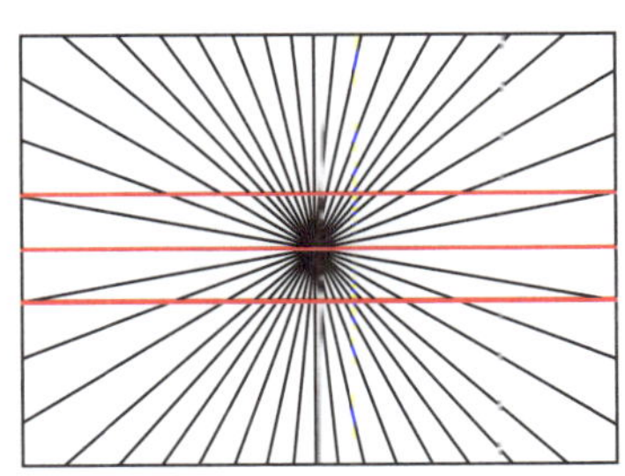

C
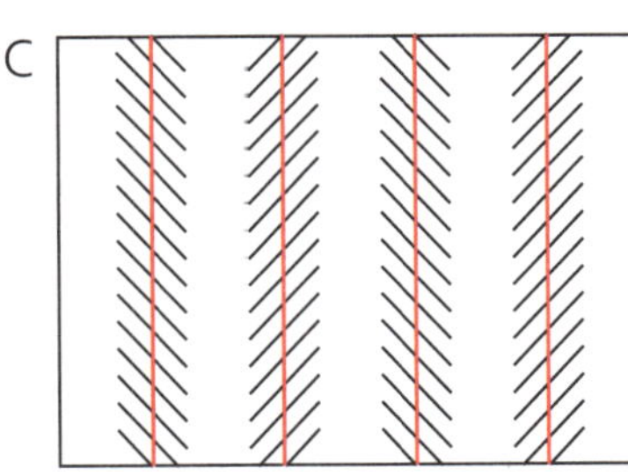

7 Setze die Muster mit dem Geodreieck fort.

A
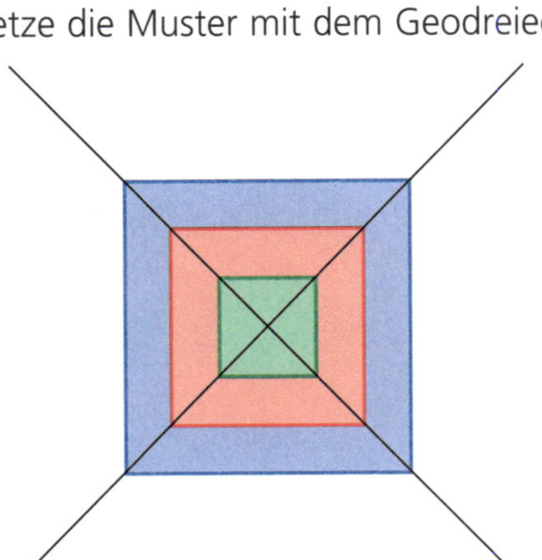

B
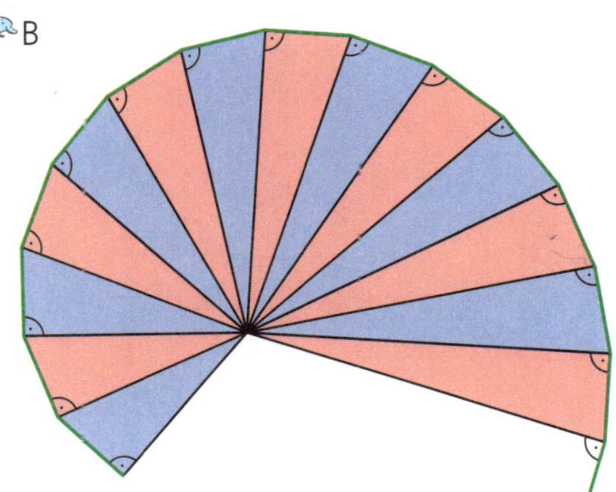

Das Geobrett – Vierecke

1 Parallelogramm

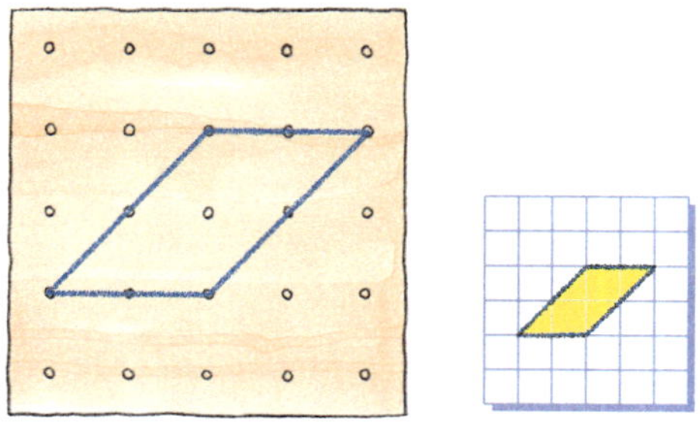

a) Spanne und zeichne dieses Viereck.
b) Welche Besonderheiten erkennst du?
c) Warum heißt dieses Viereck wohl Parallelogramm?

2 Trapez

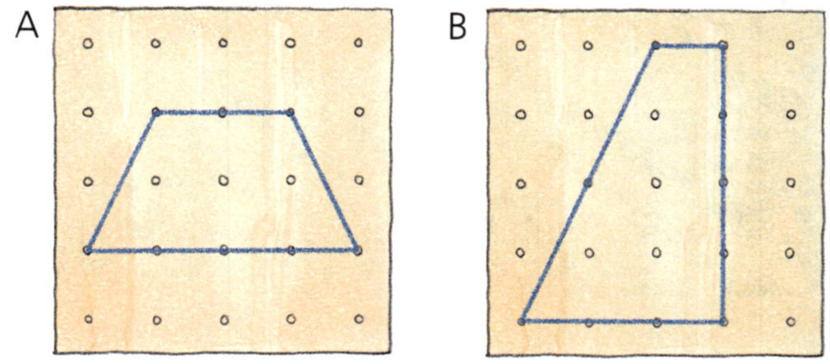

a) Spanne und zeichne diese Vierecke.
b) Welche Besonderheiten erkennst du?
c) Kannst du noch andere Trapeze spannen?

3 Spanne und zeichne. Färbe die Parallelogramme gelb und die Trapeze grün.

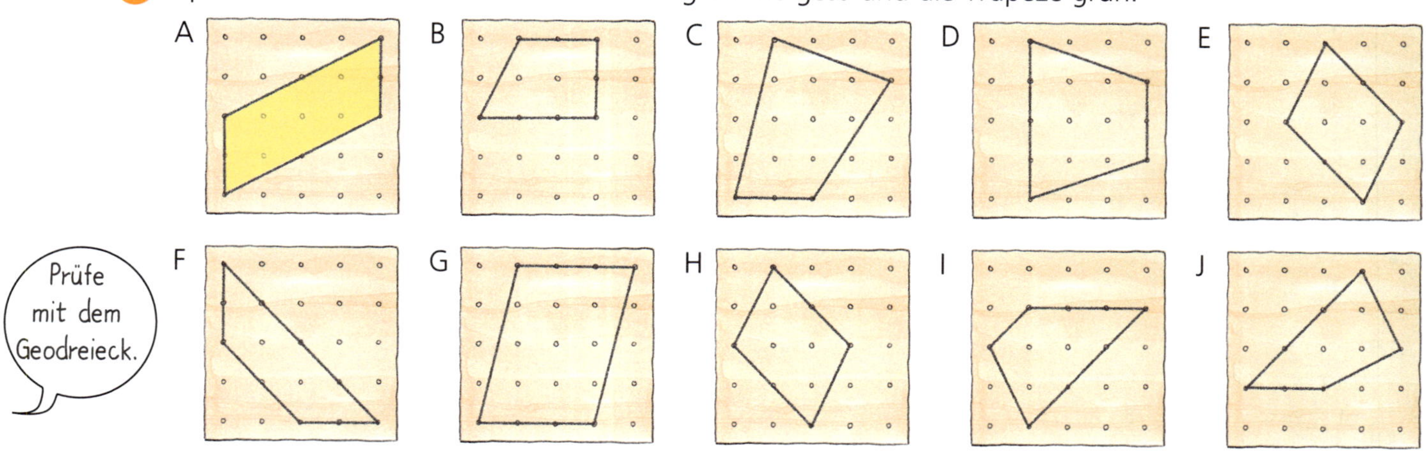

4 a) Welche dieser Vierecke sind Parallelogramme und welche sind Trapeze?
b) Zeichne ab. Färbe die parallelen Seiten mit gleicher Farbe.

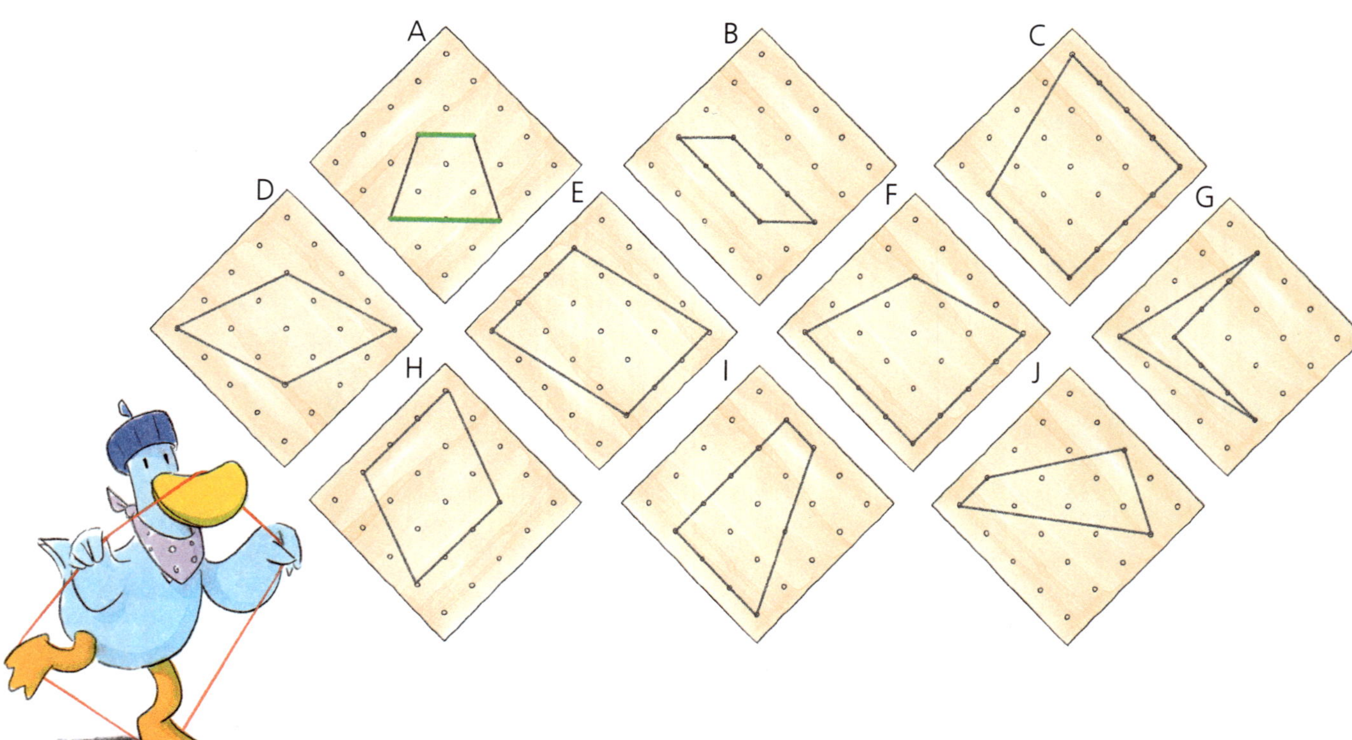

Kopiervorlage nutzen. **1** Begriff Parallelogramm von „parallel" ableiten. Die gegenüberliegenden Seiten sind parallel. **2** Nur zwei Seiten verlaufen parallel.

Das Geobrett – rechte Winkel

1 Spanne und zeichne möglichst viele verschiedene **rechtwinklige Dreiecke**.

A
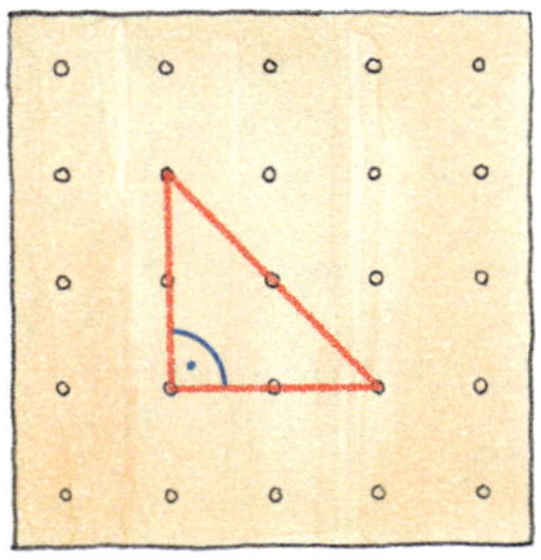
B
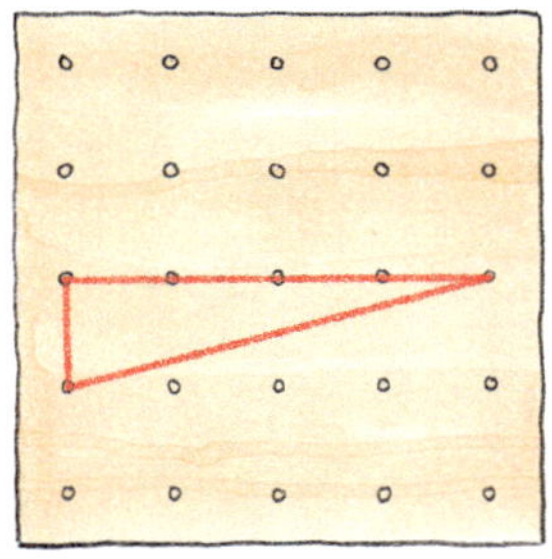
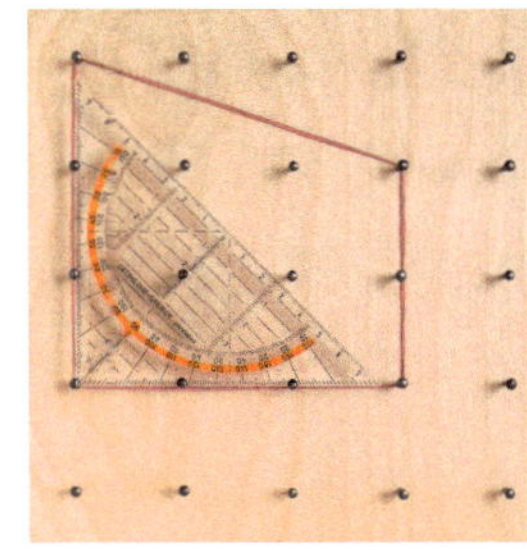

2 Spanne rechtwinklige Dreiecke:
a) Sie dürfen sich nicht berühren. Wie viele schaffst du?
b) Spanne zwei rechtwinklige Dreiecke, die sich in zwei (drei oder vier) Punkten überschneiden.

3 Spanne und zeichne. Kennzeichne alle rechten Winkel.

A
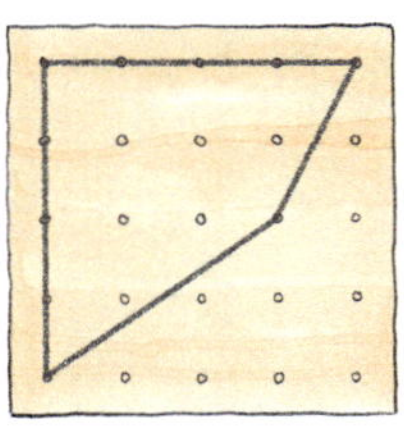
B
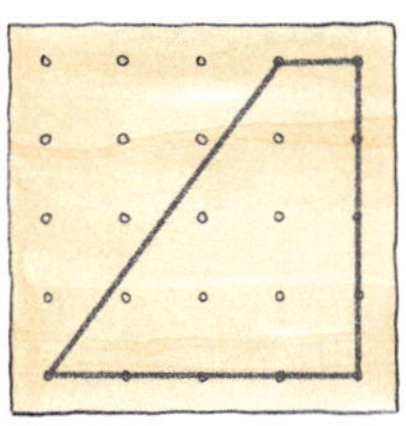
C
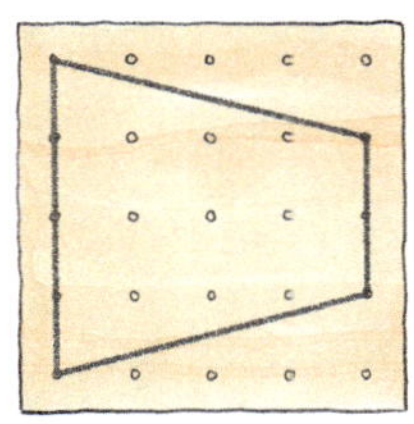
D
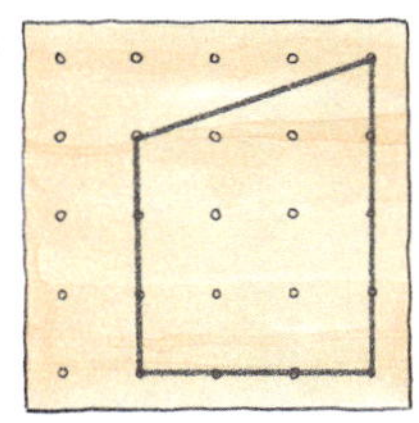
E
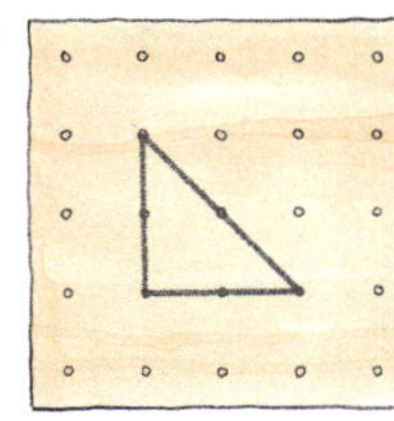
F
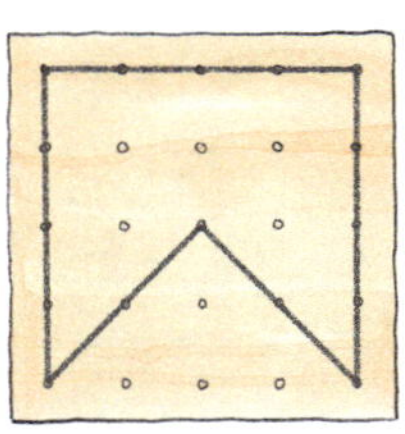
G
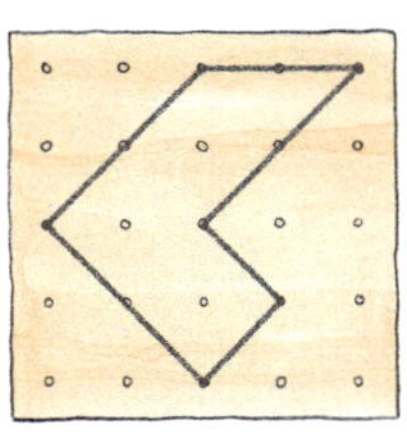
H
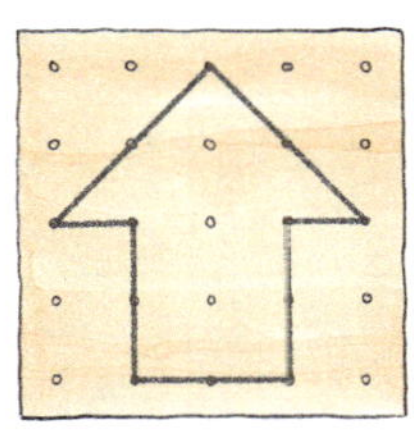
I

J
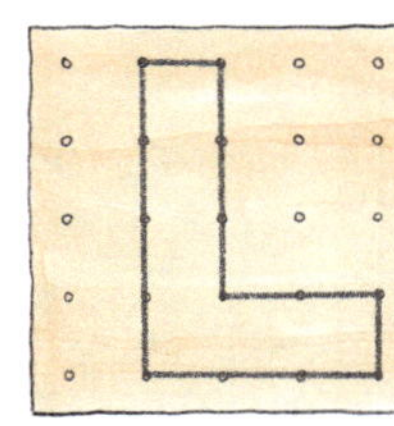

4 a) Wie viele rechte Winkel findest du? Prüfe mit dem Geodreieck.
b) Zeichne ab. Kennzeichne die rechten Winkel.

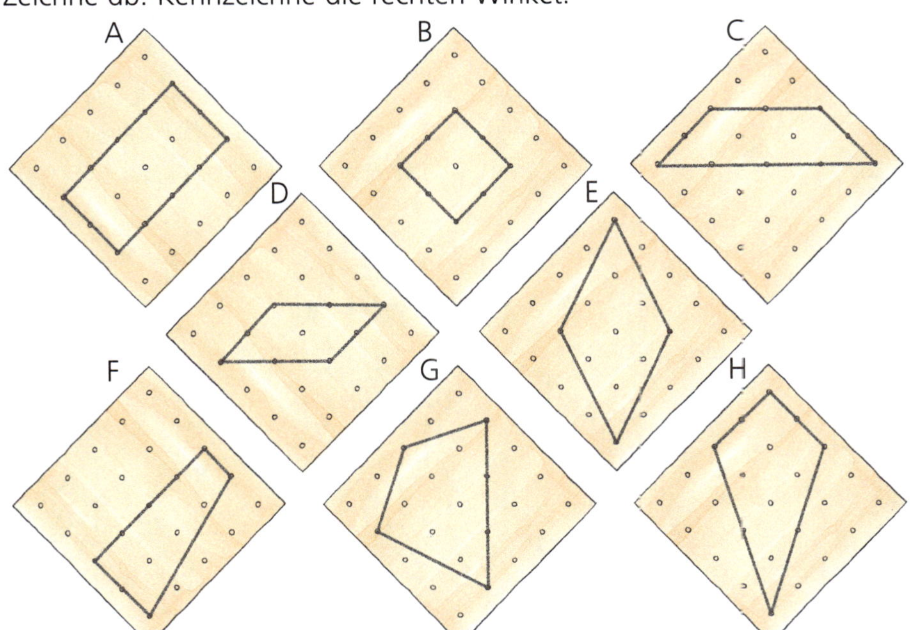

1 Kopiervorlage nutzen oder auf Karopapier zeichnen.
3 Diff.: Auch rechte Außenwinkel zählen.

Schriftliches Multiplizieren mit einer zweistelligen Zahl

1 Frau Brink aus Hannover fährt jeden Tag mit dem Auto zur Arbeit nach Wolfsburg. Im letzten Monat hat sie an 23 Tagen gearbeitet.
Wie viel Kilometer ist sie insgesamt gefahren?

176 · 20 = 3 520   176 · 3 = 528

3520
+ 528

H	Z	E			
1	7	6	·	2	3
		T	H	Z	E
		3	5	2	0
			5	2	8

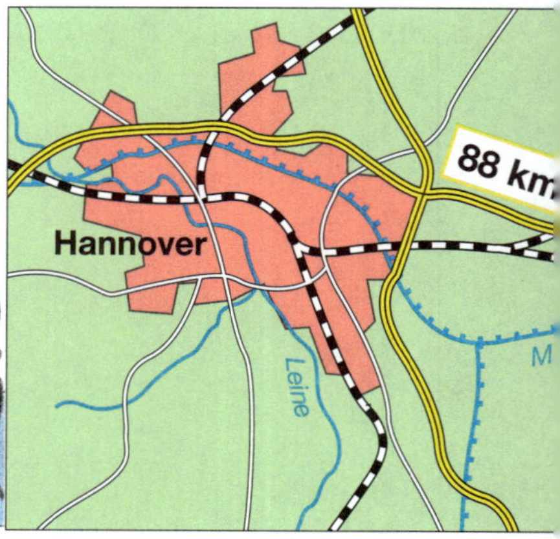

2

a) 183 · 26, 366 · 13
b) 366 · 26, 183 · 52
c) 298 · 42, 149 · 84
d) 642 · 48, 321 · 96
e) 198 · 72, 396 · 36

3
a) 245 · 28, 490 · 14
b) 478 · 39, 239 · 78
c) 874 · 36, 437 · 72
d) 716 · 43, 358 · 86
e) 374 · 82, 748 · 41

4 Drei Aufgaben sind falsch gelöst. Rechne nach. Erkläre die Fehler.

a)

5	1	2	·	1	9
		5	1	2	0
		4	6	0	8
		9	7	2	8

b)

2	7	9	4	·	4	2
	1	0	8	7	6	0
			5	5	8	8
	1	1	4	3	4	8

c)

3	0	9	·	6	4
	1	8	5	4	0
		1	2	3	6
	1	9	8	7	6

d)

8	5	3	·	2	7
	1	7	0	6	0
		5	9	7	1
	2	3	0	3	1

e)

3	8	5	9	·	8	3
		3	0	8	7	2
	1	1	5	7	7	0
	1	4	6	6	4	2

5

a) Fernfahrer Welp fährt von Saarbrücken über Mainz nach Gießen und zurück. Im letzten Jahr fuhr er 76-mal.
b) In diesem Jahr sind 12 Fahrten mehr geplant.
c) Bei der Hälfte der diesjährigen Fahrten wird Herr Welp wohl einen Umweg von 19 km einplanen müssen.

W

6 Die Kinder haben sich interessante Aufgaben ausgedacht. Setze fort.

Marlen
9 · 9 + 7
98 · 9 + 6
987 · 9 + 5
9 876 · 9 + 4
98 765 · 9 + 3

Thomas
9 · 9 − 1
98 · 9 − 2
987 · 9 − 3
9 876 · 9 − 4
98 765 · 9 − 5

Marie
142 857 · 1
142 857 · 2
142 857 · 3
142 857 · 4
142 857 · 5

Tim
1 · 7 + 1
12 · 7 + 2
123 · 7 + 3
1 234 · 7 + 4
12 345 · 7 + 5

Erfinde selbst Aufgaben.

6 Rechenmuster erkennen und beschreiben.

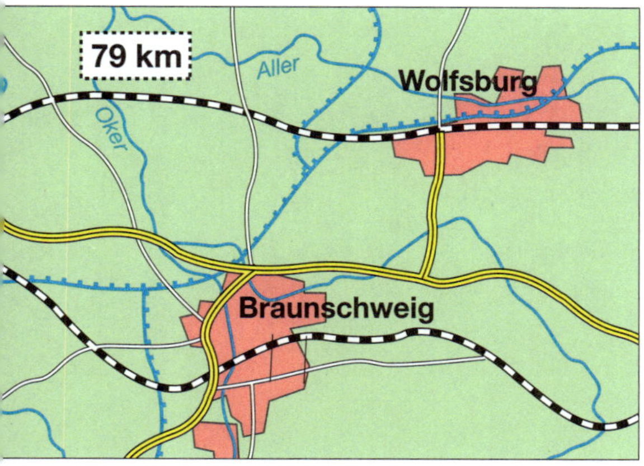

1 Herr Burgmann aus Wolfsburg fährt täglich mit dem Zug nach Hannover. Im vergangenen Jahr hat er an 218 Tagen gearbeitet. Wie viel Kilometer ist er insgesamt gefahren?

1	5	8	·	2	1	8
		3	1	6	0	0
			1	5	8	0
			1	2	6	4

Probe: (Tauschaufgabe)

2	1	8	·	1	5	8
		2	1	8	0	0
		1	0	9	0	0
			1	7	4	4

2 a) Frau Bergener fährt jeden Tag insgesamt 109 km. Sie arbeitete im letzten Jahr an 223 Tagen.
b) Busfahrerin Scholz fuhr an 167 Tagen jeweils 253 km.
c) Frau Wulf fuhr mit ihrem Lkw an 117 Tagen jeweils 548 km.

3

a)	b)	c)	d)	e)
643 · 192	603 · 389	814 · 546	3394 · 291	111 · 111
1697 · 582	369 · 271	10623 · 43	429 · 518	111 · 222
542 · 123	9530 · 57	1617 · 481	2849 · 351	333 · 111

4 Welche Aufgaben sind falsch gelöst? Rechne die Probe. Erkläre die Fehler.

a)

a)	3	2	4	·	5	9	8
		1	6	2	0	0	0
			2	9	1	6	0
				2	5	9	2
		1	9	3	7	5	2

b)

b)	6	3	5	·	8	0	2
		5	0	8	0	0
			1	2	7	0
		5	2	0	7	0

c)

c)	7	7	7	·	7	7	0
	5	4	3	9	0	0
		5	4	3	9	0
	5	9	8	2	9	0

d)

d)	8	7	6	·	1	2	3
		8	7	6	0	0
		1	6	5	2	0
			2	4	1	8
	1	0	6	5	3	8

5

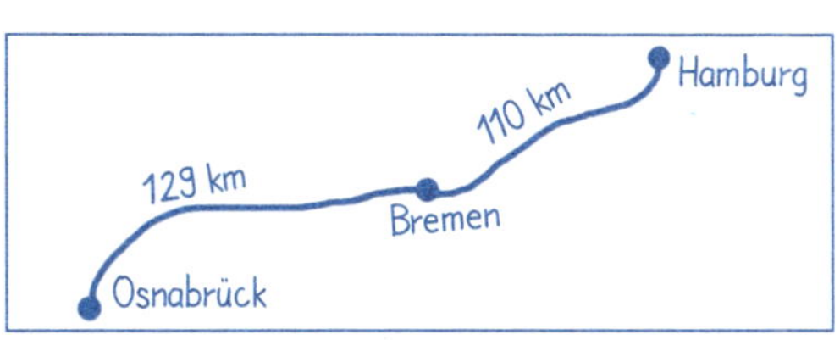

a) Herr Witte fährt immer von Hamburg über Bremen nach Osnabrück und zurück. Im letzten Jahr fuhr er 138-mal.
b) In diesem Jahr fährt er nur halb so oft.

6 Setze fort.

Lisa
5 · 5
55 · 5
555 · 5
5 555 · 5
55 555 · 5

Lara
3 · 3
33 · 3
333 · 3
3 333 · 3

Tim
9 · 9 + 9
99 · 9 + 8
999 · 9 + 7
9 999 · 9 + 6

Anna
7 · 7 − 9
77 · 7 − 8
777 · 7 − 7
7 777 · 7 − 6

Überschlagen

1 364 · 45 = 16 380

Prüfe mit dem Überschlag.

Welcher Überschlag ist der genaueste? Begründe.

2 Suche immer den genauesten Überschlag.

a) 317 · 48 = 15 216 — a) 300 · 50 =
Ü: 300 · 40
Ü: 300 · 50
Ü: 400 · 40

b) 657 · 34 = 22 338
Ü: 700 · 30
Ü: 700 · 40
Ü: 600 · 40

c) 479 · 65 = 31 135
Ü: 500 · 60
Ü: 500 · 70
Ü: 400 · 60

d) 698 · 49 = 34 202
Ü: 700 · 40
Ü: 700 · 50
Ü: 600 · 50

e) 347 · 68 = 23 596
Ü: 300 · 70
Ü: 400 · 60
Ü: 400 · 70

f) 752 · 76 = 57 152
Ü: 700 · 70
Ü: 800 · 80
Ü: 700 · 80

g) 249 · 38 = 9 462
Ü: 300 · 40
Ü: 200 · 40
Ü: 300 · 30

h) 972 · 83 = 80 676
Ü: 1000 · 80
Ü: 900 · 90
Ü: 1000 · 90

i) 828 · 66 = 54 648
Ü: 800 · 70
Ü: 800 · 60
Ü: 900 · 60

j) 454 · 55 = 24 970
Ü: 500 · 60
Ü: 400 · 60
Ü: 500 · 50

k) 888 · 99 = 87 912
Ü: 800 · 100
Ü: 900 · 100
Ü: 800 · 90

3 Multipliziere. Prüfe mit dem Überschlag.

a)	b)	c)	d)	e)
45 · 56	713 · 52	65 · 909	834 · 777	509 · 499
94 · 73	733 · 54	71 · 466	794 · 222	699 · 509
25 · 81	753 · 56	99 · 777	653 · 444	823 · 733
8 · 99	773 · 58	55 · 555	592 · 666	488 · 849
79 · 67	793 · 59	66 · 444	451 · 888	796 · 958

4 Rechne zu jedem Überschlag nur die passende Aufgabe.

a) 600 · 30	b) 400 · 50	c) 900 · 200	d) 800 · 70	e) 500 · 100
501 · 38	388 · 46	827 · 198	777 · 66	524 · 108
595 · 32	345 · 42	927 · 207	888 · 77	424 · 91

5 zum Knobeln

Anne hat bald Geburtstag. Mama will ihr acht Tüten mit Perlen schenken. In die erste Tüte legt sie drei Perlen. In jede weitere Tüte legt sie doppelt so viele wie in die vorherige Tüte.

a) Wie viele Perlen werden in der letzten Tüte sein?
b) Wie viele Perlen benötigt Mama insgesamt?
c) Wie viele Perlen wären es insgesamt, wenn sie in die erste Tüte vier Perlen legen würde?
d) Wie viele Perlen wären in der ersten Tüte, wenn in der achten Tüte 768 wären?

1

Kann man alles genau rechnen?

2

Jede Seite hat vier Spalten.
In jeder Spalte stehen etwa 94 Namen.

3

	Müller	Schäfer	Schmidt
Stuttgart	26 Spalten	8 Spalten	14 Spalten
Köln	37 Spalten	13 Spalten	29 Spalten
Frankfurt	28 Spalten	10 Spalten	31 Spalten

Überschlage: Wie viele Telefonkunden heißen Müller, Schäfer, Schmidt?

4 Drei Aufgaben sind falsch gelöst. Rechne nach. Erkläre die Fehler.

a) 2109 · 78
14763 0
16872
164502
Wiebke

b) 2333 · 38
69990
18664
88654
Ida

c) 4102 · 30
12360
12360
Tim

d) 179 · 47
12530
716
13246
Ali

e) 604 · 83
48320
1812
49132
Marie

5 Finde die fehlenden Ziffern.

a) 263 · 54
13150
1□52
1□202

b) 1453 · 79
101710
13□77
11478□

c) 204 · 91
183□0
20□
18564

d) 4285 · □9
□2850
3856□
8□4□5

e) 766 · 4□
30□40
□06□
337□4

f) 263 · □54
26300
1□150
1□52
40502

g) □73 · 279
194600
681□0
□757
27146□

h) 6□4 · 3□8
181200
120□0
4832
1□8112

i) □□□ · 123
32100
6420
□□□
39483

j) 555 · □□□
166500
16650
□□□□
184815

6

3 Thematisieren, warum eine Überschlagsrechnung ausreicht.

Schriftliches Multiplizieren – Kommazahlen

1

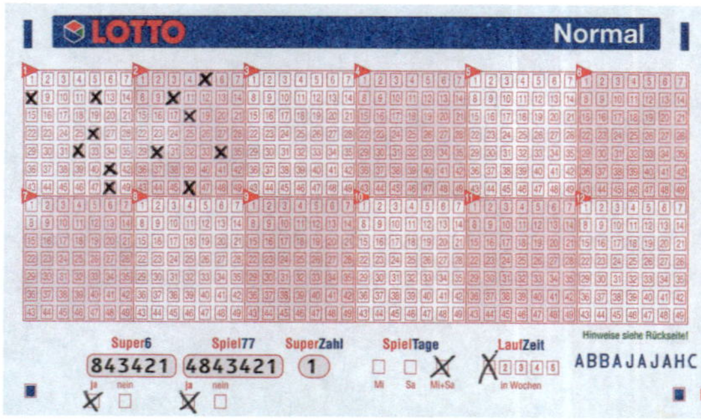

Hat sich das gelohnt?

Michaels Vater spielt seit sieben Jahren Lotto.
Jede Woche gibt er dafür 7,50 € aus.
Er hat bisher insgesamt 1 098,24 € gewonnen.

2

a) 39,59 € · 64
39,59 € · 32
39,59 € · 16

39,59 € · 8
39,59 € · 4
39,59 € · 2

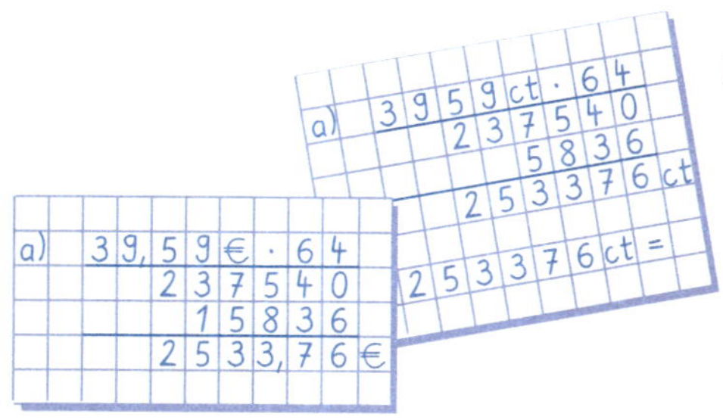

b) 2,05 € · 96
4,10 € · 48
8,20 € · 24

16,40 € · 12
32,80 € · 6
65,60 € · 3

c) 87,65 € · 3
87,65 € · 9
87,65 € · 27

87,65 € · 81
87,65 € · 243
87,65 € · 729

3

a) 8,47 € · 74
64,35 € · 12
81,96 € · 21
15,70 € · 66

b) 27,32 € · 54
59,07 € · 28
121,32 € · 42
85,80 € · 46

c) 29,48 € · 77
99,99 € · 56
16,77 € · 37
25,55 € · 44

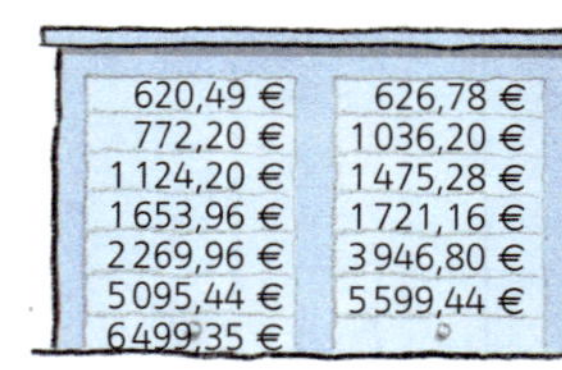

4 Denken und rechnen.

a) 4,25 m · 36 : 9
b) 15,68 m · 12 : 4
c) 76,86 m · 42 : 6
d) 63,63 m · 35 : 5
e) 147,00 m · 9 : 3
f) 256,50 m · 48 : 8
g) 345,09 m · 24 : 6
h) 2 955,75 m · 21 : 7

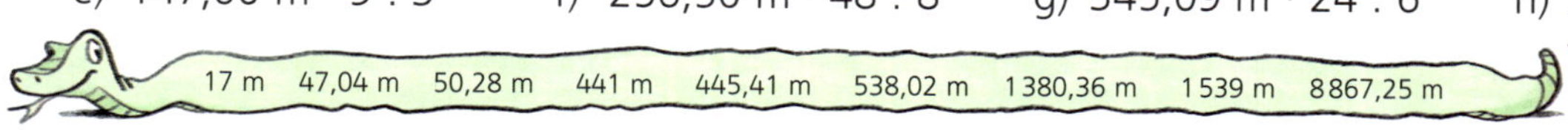

5 Lena hat ein neues Handy.
Im ersten Monat telefonierte sie für ______ €.
Wie teuer könnte das Telefonieren wohl ungefähr im ganzen Jahr werden?

6

A „Eine Flasche Wasser kostet 0,29 €. 30 Flaschen kosten ungefähr 9 €."

B „Paul bekommt 2,50 € Taschengeld pro Woche. Er hat davon in einem Jahr 140 € gespart."

C „Ein Auto ist etwa 4,50 m lang. In einem Stau von 1 km Länge stehen etwa 100 Autos."

D „Anna braucht täglich rund 70 Minuten für ihre Hausaufgaben. Etwa 25 Stunden sind es in einem Monat."

E „1 kg Mehl ist schwerer als 1000 g Watte."

F „Daniel fährt mit dem Rad in 30 Minuten 9 km. Er braucht für 18 km 2 Stunden."

4 Rechenvorteil entdecken und nutzen.
5 Geöffnete Sachaufgabe: Monatliche Kosten erkunden und damit weiterrechnen.

1

Jugendherberge
BAD IBURG

	Übernachtung mit Frühstück	Halbpension	Vollpension	Vollpension ab 4 Übernachtungen	Lunchpaket
Erwachsene ab 27 Jahren	19,00 €	23,60 €	26,00 €	24,50 €	3,60 €
Gäste 6 – 26 Jahre	16,00 €	20,60 €	23,00 €	21,50 €	3,60 €
Kinder 3 – 5 Jahre	13,95 €	16,25 €	16,85 €	15,35 €	1,80 €

2 Deine Familie plant fünf Übernachtungen (Halbpension) in der Jugendherberge Bad Iburg. Berechne die Kosten.

Informiere dich im Internet unter www.jugendherberge.de.

3 a) Berechne die Übernachtungskosten (Vollpension) in der Jugendherberge Bad Iburg für deine Klasse. Ihr übernachtet dreimal. Es fahren zwei Erwachsene ab 27 Jahren mit.
b) Wie viel müsstet ihr mehr bezahlen, wenn ihr einen Tag länger bleiben würdet?

4 Familie Becker fährt für vier Tage mit zwei Erwachsenen (38 und 35 Jahre alt) und drei Kindern (4, 8 und 10 Jahre alt) in die Jugendherberge. Sie bucht Halbpension.
a) Berechne die Gesamtkosten. Berücksichtige, dass die Familie für jeden Tag Lunchpakete nimmt.
b) Wie teuer wäre es, wenn Familie Becker Vollpension anstatt Halbpension und Lunchpakete nehmen würde? Vergleiche.

5 Denke dir zu jeder Rechnung einen Aufgabentext aus.
Schreibe ihn auf und gib ihn zum Rechnen weiter.

a) 2 · 23,60 € + 4 · 20,60 € =

b) 25 · 16,00 € + 3 · 19,00 € =

c) 2 · 24,50 € + 21,50 € = 70,50 €
70,50 € · 4 =

W

6 a) Addiere und subtrahiere jeweils die gleiche Zahl.

Forschungsauftrag

A 35 000 + 5 000
35 000 – 5 000

B 15 000 + 10 000
15 000 – 10 000

C 25 000 + 7 000
25 000 – 7 000

D 2 200 + 800
2 200 – 800

b) Du kannst etwas Interessantes entdecken, wenn du jeweils die Differenz (den Unterschied) der beiden Ergebnisse mit der Zahl vergleichst, die du addiert hast und subtrahiert hast. Begründe.
c) Was entdeckst du, wenn du die Summe der beiden Ausgangszahlen mit der Summe der beiden Ergebnisse vergleichst? Begründe.

1 Evtl. Klassenfahrt planen und Kosten berechnen.
6 b) Die Differenz der Ergebnisse ist gleich dem Doppelten des Operators. c) Die Summe der Ergebnisse ist gleich der Summe der Ausgangszahlen.

1 Addiere alle Zahlen in jedem farbigen Streifen. Was fällt dir auf?

a)

1	2	3	4	5	6	7	8	9	10
11	12	13	14	15	16	17	18	19	20
21	22	23	24	25	26	27	28	29	30
31	32	33	34	35	36	37	38	39	40
41	42	43	44	45	46	47	48	49	50
51	52	53	54	55	56	57	58	59	60
61	62	63	64	65	66	67	68	69	70
71	72	73	74	75	76	77	78	79	80
81	82	83	84	85	86	87	88	89	90
91	92	93	94	95	96	97	98	99	100

b)

1	2	3	4	5	6	7	8	9	10
11	12	13	14	15	16	17	18	19	20
21	22	23	24	25	26	27	28	29	30
31	32	33	34	35	36	37	38	39	40
41	42	43	44	45	46	47	48	49	50
51	52	53	54	55	56	57	58	59	60
61	62	63	64	65	66	67	68	69	70
71	72	73	74	75	76	77	78	79	80
81	82	83	84	85	86	87	88	89	90
91	92	93	94	95	96	97	98	99	100

Jan entdeckt: „In jeder 2. Spalte kommen 20 dazu." Überprüfe und erkläre.

2 Addiere alle Zahlen in den farbigen Feldern. Rechne geschickt.

a)

1	2	3	4	5	6	7	8	9	10
11	12	13	14	15	16	17	18	19	20
21	22	23	24	25	26	27	28	29	30
31	32	33	34	35	36	37	38	39	40
41	42	43	44	45	46	47	48	49	50
51	52	53	54	55	56	57	58	59	60
61	62	63	64	65	66	67	68	69	70
71	72	73	74	75	76	77	78	79	80
81	82	83	84	85	86	87	88	89	90
91	92	93	94	95	96	97	98	99	100

b)

1	2	3	4	5	6	7	8	9	10
11	12	13	14	15	16	17	18	19	20
21	22	23	24	25	26	27	28	29	30
31	32	33	34	35	36	37	38	39	40
41	42	43	44	45	46	47	48	49	50
51	52	53	54	55	56	57	58	59	60
61	62	63	64	65	66	67	68	69	70
71	72	73	74	75	76	77	78	79	80
81	82	83	84	85	86	87	88	89	90
91	92	93	94	95	96	97	98	99	100

3

Carl Friedrich Gauß

Er war ein berühmter Mathematiker und lebte von 1777 bis 1855. Als er neun Jahre alt war und in der Schule einmal nicht aufpasste, gab ihm der Lehrer die Aufgabe, **die Zahlen von 1 bis 100 zu addieren.** In nur wenigen Minuten fand er die Lösung.

DM, alte Währung.

Schaffst du es auch, alle Zahlen von **1 bis 100** geschickt zu addieren?

1 + 11 + 21 + ... + 91 =
2 + 12 + 22 + ... + 92 =
3 + ...

Anna

1 + 2 + 3 ... + 97 + 98 + 99 + 100

1 + 99 =
2 + 98 =
3 + 97 =
⋮

Victor

1 + 2 + 3 ... + 98 + 99 + 100

1 + 100 =
2 + 99 =
3 + 98 =
⋮

Carl Friedrich

___ · 101

1 Diff.: Eigene Muster entwerfen und berechnen.

1

Vergleiche.

1000 Kilogramm = 1 Tonne
1 000 kg = 1 t

2 a) Wie schwer seid ihr zusammen in eurer Klasse?
b) Wie viele Kinder wiegen zusammen eine Tonne?

3

Elefant	5 000 kg
Blauwal	170 000 kg
Rothirsch	270 kg
Flusspferd	2 t 500 kg
Kaltblutpferd	1 t
Nashorn	2 t

Ordne diese Säugetiere nach dem Gewicht.
Die Buchstaben ergeben ein Lösungswort.

E Blauwal,

4 Kennst du noch andere „Schwergewichte"? Erkunde und notiere.

Dampflok 80 t,

5 Wandle diese Gewichte um in Kilogramm.

Starke Päckchen 2

a) 4 t 500 kg
4 t 50 kg
4 t 5 kg
4 t 0 kg

a) 4 t 500 kg = 4500 kg

b) 7 t 800 kg
7 t 80 kg

c) 1 t
10 t
100 t
110 t

d) $\frac{1}{2}$ t
$1\frac{1}{2}$ t
$10\frac{1}{2}$ t
$11\frac{1}{2}$ t

e) 11 t 500 kg
12 t 30 kg
15 t 2 kg
20 t 200 kg

f) 15 t
32 t
23 t
51 t

6 Runde auf volle Tonnen.

a) 3 t 826 kg
5 t 399 kg
7 t 405 kg

a) 3 t 826 kg ≈ 4 t

b) 17 t 502 kg
23 t 489 kg
9 t 65 kg

c) 638 kg
122 kg
907 kg

d) $1\frac{1}{2}$ t
$\frac{1}{2}$ t
$3\frac{1}{2}$ t

e) 5 555 kg
5 455 kg
5 500 kg

W

7 Berechne von jeder Zahl den dritten und den sechsten Teil.

a) 18 | 300 | 30 000 | 1 800

a) 18 : 3 = 6
18 : 6 = 3

b) 12 | 1 200 | 120 000 | 24 000 | 240

c) 30 | 180 | 180 000 | 3000

d) 24 | 120 | 2 400 | 240 000 | 12 000

1 Kleinwagen als Bezugsgröße für 1 t einprägen. **5** Umrechnungsfaktor 1000 (wie bei g und kg).

Wer darf fahren?

1

3,5 t

Das Komma trennt t und kg.
3500 kg = 3 t 500 kg = 3,500 t

$3\frac{1}{2}$ t

Sprich:
drei Komma fünf null null Tonnen
oder
drei Tonnen fünfhundert Kilogramm

Was bedeutet dieses Schild?

2 Mehrere Schreibweisen für dasselbe Gewicht.

a) 4300 kg, 430 kg, 43 kg, 4 kg, 414 kg
b) 10200 kg, 1020 kg, 102 kg
c) 0,300 t, 0,030 t, 0,003 t
d) 2,700 t, 2,070 t, 2,7 t, 8,001 t, 8,100 t
e) $\frac{1}{2}$ t, $1\frac{1}{2}$ t, $3\frac{1}{2}$ t, $12\frac{1}{2}$ t, $20\frac{1}{2}$ t
f) 5 t, 15 t, 125 t, 34 t, 3 t

a) 4300 kg = 4 t 300 kg = 4,3 t

3

Ladung	3519 kg
Leergewicht	3480 kg
Gesamtgewicht	

Darf dieser Lkw hier weiterfahren?

4 a) Erlaubtes Gesamtgewicht **7 t**. Welche Lkws dürfen weiterfahren?

	Lkw 1	Lkw 2	Lkw 3	Lkw 4	Lkw 5	Lkw 6	Lkw 7
Ladung	2450 kg	3690 kg	1,250 t	4900 kg	4,2 t	2,635 t	3500 kg
Leergewicht	2700 kg	3800 kg	1080 kg	7,500 t	5,1 t	4,5 t	$3\frac{1}{2}$ t
Gesamtgewicht							

b) Vier Lkws sind zu schwer. Wie viel kg müssen jeweils wieder abgeladen werden?

5 Die Lkws der Firma Böhm dürfen **5 t** laden. Sie sind schon teilweise beladen. Ergänze zu fünf Tonnen.

a) 2700 kg, 1400 kg, 200 kg
b) 750 kg, 450 kg, 250 kg
c) 4,510 t, 2,051 t, 0,005 t
d) $4\frac{1}{2}$ t, $1\frac{1}{2}$ t, $\frac{1}{2}$ t
e) $2\frac{1}{2}$ t, $3\frac{1}{2}$ t, 3,5 t
f) 1000 kg, 4991 kg, 888 kg

6 Vergleiche.

a) 20 t ◯ 2000 kg
2,0 t ◯ 2000 kg
2,002 t ◯ 2000 kg
2,000 t ◯ 2000 kg

b) 8,300 t ◯ 8,3 t
7,520 t ◯ 7,6 t
9,480 t ◯ 9,4 t
2,010 t ◯ 2,1 t

c) $2\frac{1}{2}$ t ◯ 2480 kg
$1\frac{1}{2}$ t ◯ 1500 kg
$5\frac{1}{2}$ t ◯ 5495 kg
$\frac{1}{2}$ t ◯ 5000 kg

d) 886 kg ◯ 1 t
999 kg ◯ 1 t
1000 kg ◯ 1 t
1001 kg ◯ 1 t

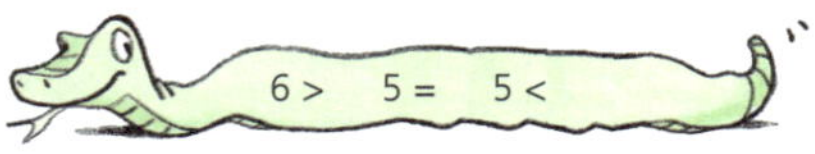

7 Ordne nach der Größe.

a) $4\frac{1}{2}$ t | 4,6 t | 4,059 t | 4501 kg

b) 95 kg | $\frac{1}{2}$ t | 0,495 t | 510 kg | 9,5 t | 505 kg

1 und 3 Das Schild bedeutet: Verbot für Fahrzeuge, die einschließlich Ladung das Gewicht überschreiten.

1

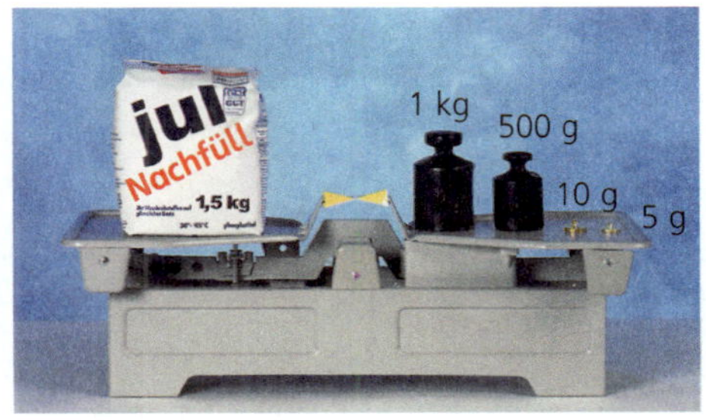

Welche Packung würdest du kaufen? Begründe.

1,650 KG

Das Komma trennt kg und g.
1 650 g = 1 kg 650 g = 1,650 kg

Sprich:
eins Komma sechs fünf null Kilogramm
oder
ein Kilogramm sechshundertfünfzig Gramm

2 Wie schwer ist jeweils die Verpackung?

a) Originalpackung

	Duschgel	Glasreiniger	Spülmittel	Reiniger	Flüssigseife
Gesamtgewicht	355 g	563 g	564 g	1,559 kg	1,079 kg
Gewicht des Inhalts	310 g	495 g	520 g	1,515 kg	1,008 kg
Gewicht der Verpackung	45 g				

b) Nachfüllpackung

	Duschgel	Glasreiniger	Spülmittel	Reiniger	Flüssigseife
Gesamtgewicht	318 g	507 g	552 g	1,536 kg	1,022 kg
Gewicht des Inhalts	310 g	495 g	520 g	1,515 kg	1,008 kg
Gewicht der Verpackung					

c) Vergleiche das Gewicht der Original- und der Nachfüllverpackungen.

3 Die Jugendherberge benötigt Duschgel, Spülmittel und Flüssigseife – jeweils 10 Packungen.
a) Wie viel Verpackungsmüll muss sie entsorgen, wenn sie Originalpackungen bestellt?
b) Wie viel Müll könnte mit Nachfüllpackungen eingespart werden?

4 Wandle um. Es gibt verschiedene Möglichkeiten.

a)	b)	c)	d)	e)
5,3 kg	7 600 g	405 g	8 kg 350 g	130 kg 780 g
5,030 kg	760 g	4 005 g	18 kg 70 g	72 kg 58 g
5,003 kg	76 g	40 005 g	100 kg 8 g	9 kg 6 g
5,330 kg			100 kg 50 g	2 kg 4 g
5,333 kg			50 kg 500 g	20 kg 40 g
5,300 kg			5 kg 5 g	200 kg 400 g

5,3 kg = 5,300 kg = 5 kg 300 g = 5300 g

5

250 g Verpackung

Stellt ein Päckchen zusammen.
Wer kommt am nächsten an das Höchstgewicht für Päckchen heran?

1 und **2** Auch andere Packungen untersuchen. Vorteile von Nachfüllpackungen erörtern.
5 Systematisch probieren.

Zuckerrüben

Zuckerrübensamen

Zuckerrübenfeld

Zuckerrübenernte

Diese Zuckerrübe enthält 100 g Zucker.

1 kg Zucker kostet im Geschäft 0,98 €.

Der Lkw mit Anhänger transportiert 22 t.

Jeder Waggon fasst 23,500 t Zuckerrüben.

Seit dem Jahr 1801 wird Zucker aus Rüben gewonnen.

Die Zuckerfabrik bezahlt für 1 t Rüben 50,87 €.

1

Wie viel Tonnen Zuckerrüben können auf 20 Lkws mit Anhänger transportiert werden? *Marc*

Vergleiche

Wie viel t Zuckerrüben kann eine Lok mit 20 Waggons transportieren? *Stefan*

Gestern brachten 200 Lkws mit Hänger Zuckerrüben in die Zuckerfabrik. Wie viel t waren das? *Max*

Aus 300 t Zuckerrüben gewinnt man 42 t Zucker. Wie viel kostet dieser Zucker im Laden? *Melanie*

Vergleiche

Wie viel Geld bekommt Landwirt Weiler für 300 t Zuckerrüben? *Alina*

Wie lange wird schon Zucker aus Zuckerrüben hergestellt? *Luca*

Partnerarbeit.

W

2 Rechne nur die lösbaren Aufgaben.

a) 11 111, 22 222, 33 333, 44 444 − 9876, 23 456, 12 345

1235	9877	9877
10 967	12 346	20 988
20 988	23 457	32 099
34 568		

b) 100 000, 95 500, 64 450, 42 013 − 64 440, 53 333, 42 005

5	8	10
11 117	22 445	31 060
35 560	42 167	46 667
53 495	57 995	

3

a)	20 000	· 7 →		+ 60 000 →		: 5 →		· 9 →		+ 40 000 →	400 000
b)	500 000	: 2 →		+ 170 000 →		: 70 →		· 8 →		+ 32 000 →	80 000
c)		+ 32 000 →		: 10 →	4 000	· 200 →		− 260 000 →		: 60 →	9 000
d)		· 7 →	63 000	→	90 000	: 30 →		− 2 000 →		· 1 000 →	
e)		− 45 000 →		: 50 →	3 000	: 100 →		· 3 000 →		− 45 000 →	45 000
f)		: 5 →	10 000	→	100 000	: 50 →		+ 18 000 →		: 5 000 →	

1 Weitere Informationen sammeln. Selbst Aufgaben erfinden.

All zu viel ist ungesund

Berlin (dpa) – Auf einer Tagung von Kinderärzten wurde immer wieder auf den Zusammenhang von zu hohem Zuckerverbrauch und bestimmten Krankheiten hingewiesen.

Beispiel 1: Karies. Drei Viertel aller Schulkinder leiden an Karies (Zahnfäule). Süßigkeiten sind dafür vor allem verantwortlich, ganz besonders Schleckereien wie Lutscher und Bonbons, die an den Zähnen haften bleiben. Zucker wird im Mund von Bakterien zu Säure umgewandelt, die dann die Zähne angreift.

Beispiel 2: Übergewicht. Jedes Gramm Zucker „zu viel" kann im Körper in Fett umgewandelt werden.

1 

2 Wie viel Gramm Zucker sind jeweils in den Lebensmitteln versteckt?

3

Mein süßer Verbrauch in der vorigen Woche:
20 Gummibärchen
100 g Nuss-Nugat-Creme
150 ml Ketchup
2 Tafeln Schokolade
3 Liter Limo ...
... und andere Speisen mit ungefähr noch 210 g Zucker
Sascha

a) Wie viel Zucker hat Sascha ungefähr in einer Woche zu sich genommen?

b) Wie viel Zucker wäre das in einem Jahr?

c) Viele Lebensmittel enthalten Zucker. Führe eine Woche lang dein „Zucker-Tagebuch".

4 Täglicher Zuckerverbrauch pro Person

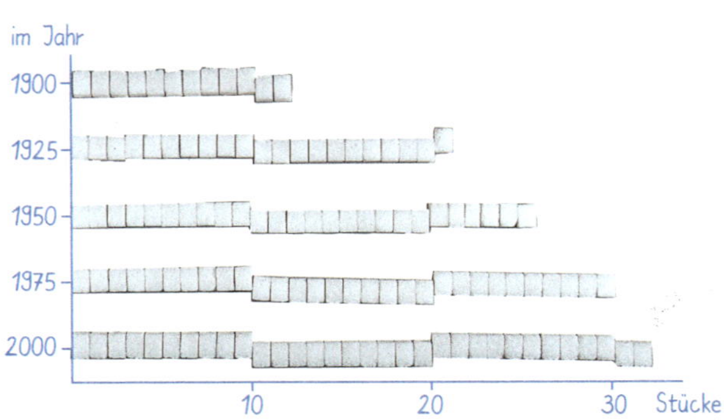

Wie viel Zucker verbrauchte eine Person ungefähr im Jahr? Vergleiche.

W

5 a) 4,17 € | 8,06 € | 25,34 € | 30 | 65   b) 9,55 € | 82,63 € | 72 | 86 | 134

3 c) Eigene Daten (Verbrauch süßer Lebensmittel) sammeln, in einer Tabelle darstellen.

Der Zirkel – Kreise

1

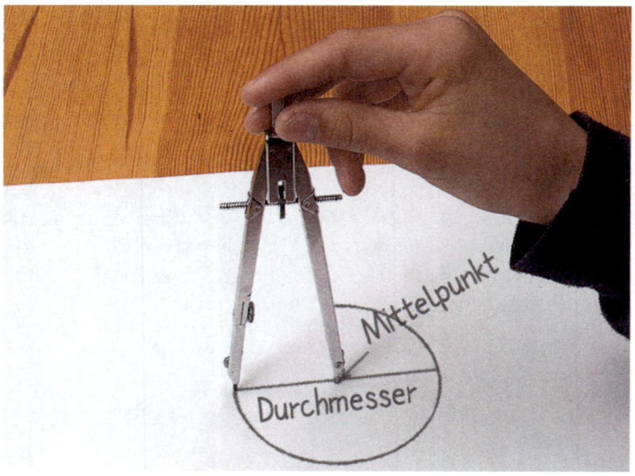

Zeichne Kreise. Miss jeweils den Durchmesser.
Erkläre den Zusammenhang zwischen Radius und Durchmesser.

2 Zeichne Kreise mit dem **Radius**

a) 5 cm	b) 2 cm	c) 3 cm	d) 80 mm	e) 45 mm
6 cm	4 cm	7 cm	70 mm	55 mm

3 Zeichne Kreise mit dem **Durchmesser**

a) 10 cm	b) 12 cm	c) 7 cm	d) 120 mm	e) 130 mm
15 cm	16 cm	14 cm	80 mm	50 mm

4 Zeichne die Muster. Erfinde eigene.

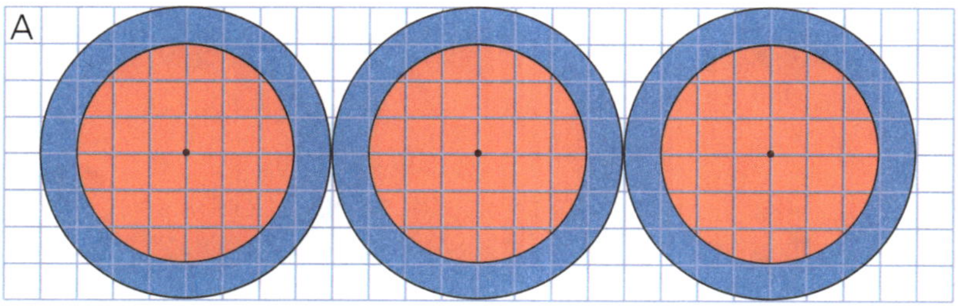

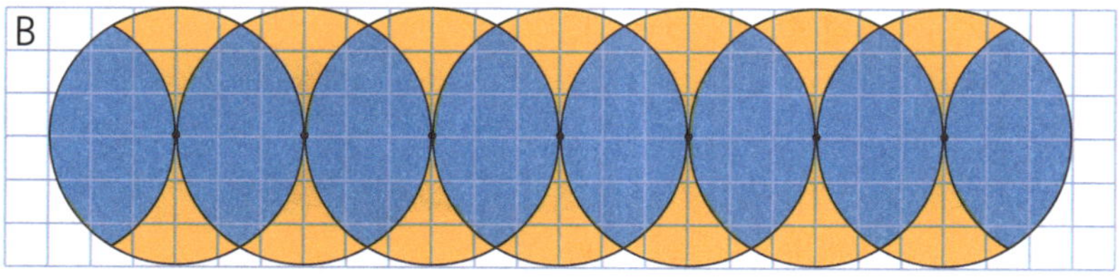

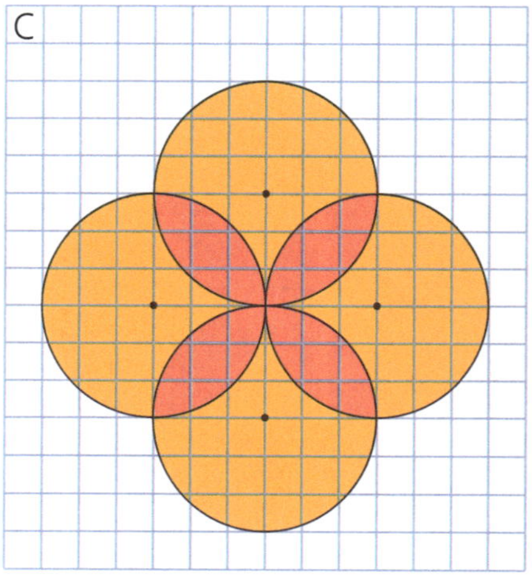

5 Zeichne das Muster. Setze fort. Erfinde eigene.

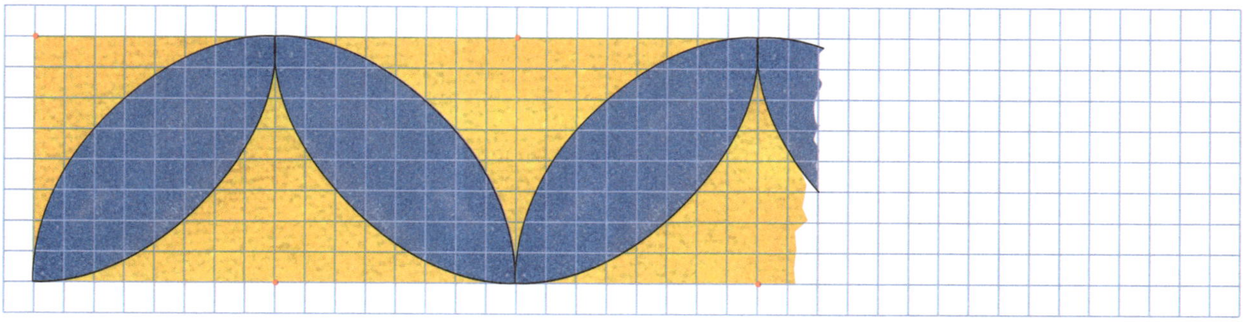

1 Auch mit anderen Hilfsmitteln große und kleine Kreise zeichnen.

1 Zeichne den Kreis und das Dreieck. Lass es um den Mittelpunkt des Kreises wandern.
Setze fort. Was stellst du fest?

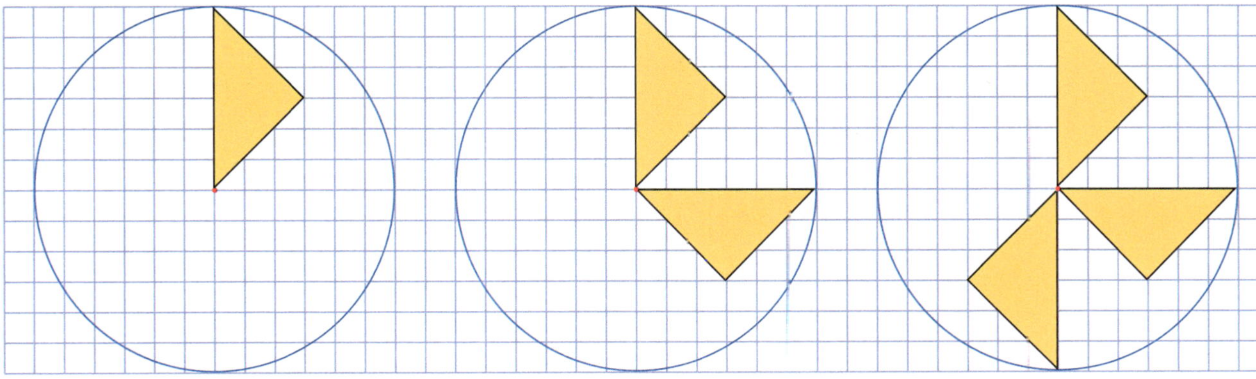

2 Drehe die Figuren um den Mittelpunkt des Kreises. Erfinde auch eigene Drehmuster.

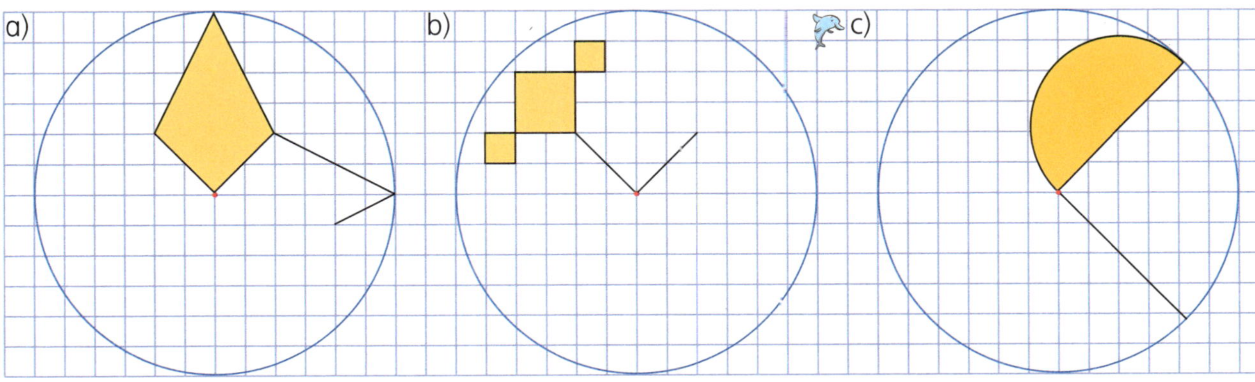

3

Windräder

Lass die Windräder bei viel Wind auf dem Schulhof rollen.
Das geht besonders gut auf einem großen freien Platz.

Zeichne einen Kreis mit dem Durchmesser 18 cm. Schneide aus.

Zeichne einen Innenkreis mit dem Durchmesser 14 cm.

Unterteile den Innenkreis erst in vier, anschließend in acht gleich große Felder.

Ritze die geraden Linien ein.

Biege dann abwechselnd eine Zacke nach vorn und eine nach hinten.

Material und Werkzeug:

- dünner quadratischer Karton (Seitenlänge 20 cm)
- Zirkel, Geodreieck
- Stifte
- Schere, Messer

Ein anderes Windrad erhältst du, wenn du die Pappe alle 3 cm bis zum Innenkreis einschneidest. Biege den Rand abwechselnd nach vorn und nach hinter.

Erde und Mond – Textverständnis

1 Welche Frage passt jeweils zum Text? Rechne und antworte.

a) Die Strecke rund um die Erde ist am Äquator ungefähr 40 000 km lang. Davon verlaufen 32 000 km über das Meer.

- **A** Wie tief ist das Meer am Äquator?
- **B** Wie viel Kilometer ist der Äquator vom Nordpol entfernt?
- **C** Wie viel Kilometer verläuft der Äquator über Land?

b) Der Durchmesser des Mondes beträgt rund 3000 km. Der Erddurchmesser ist etwa viermal so groß.

- **A** Wie groß ist der Durchmesser der Sonne?
- **B** Wie groß ist der Durchmesser der Erde?
- **C** Wie lang ist die Entfernung von der Erde zur Sonne?

2 Entscheide, welche Zahlen du zum Rechnen benötigst.

a) Wie lange würde ein Flug um die Erde ohne Pause dauern?
Ein Düsenflugzeug kann in 10 000 m Höhe besonders schnell fliegen.
Für eine Strecke von 1000 km benötigt es ungefähr eine Stunde.

b) Wie oft hätte Herr Schulz im letzten Jahr mit seinem Lkw um die Erde fahren können?
Er fuhr 120 000 km und verbrauchte 22 000 l Diesel.

c) Wie lange würde der Ritt um die Erde dauern?
Bettina reitet am Tag etwa 4 km.
Sie würde gern einmal um die Erde reiten. Bettina ist 10 Jahre alt.

d) Wie viel Kilometer müsste Bettina täglich reiten, wenn sie in nur 1000 Tagen um die Erde reiten wollte? Ihr Pferd ist erst 3 Jahre alt.

W

3

a)
100 000 (+) 4 = 100 004
100 000 ◯ 4 = 400 000
100 000 ◯ 4 = 25 000
100 000 ◯ 4 = 99 996

b)
200 000 ◯ 5 = 1 000 000
200 000 ◯ 5 = 40 000
200 000 ◯ 5 = 200 005
200 000 ◯ 5 = 199 995

c)
10 000 ◯ 5 = 2 000
10 000 ◯ 5 = 10 005
10 000 ◯ 5 = 50 000
10 000 ◯ 5 = 9 995

4

a)
100 000 · 10
100 000 : 10
100 000 + 10
100 000 – 10

b)
100 000 – 35 000 + 65 000
100 000 + 35 000 – 65 000
100 000 – 35 000 – 65 000
100 000 + 35 000 + 65 000

c)
100 000 – 90 000 – 9 000
100 000 – 45 000 – 45 000
100 000 – 75 000 – 25 000
100 000 – 25 000 + 75 000

2 und 6 Lesen, entscheiden, rechnen, antworten.
2 d) Diff.: Weitere Variationen selbst finden.

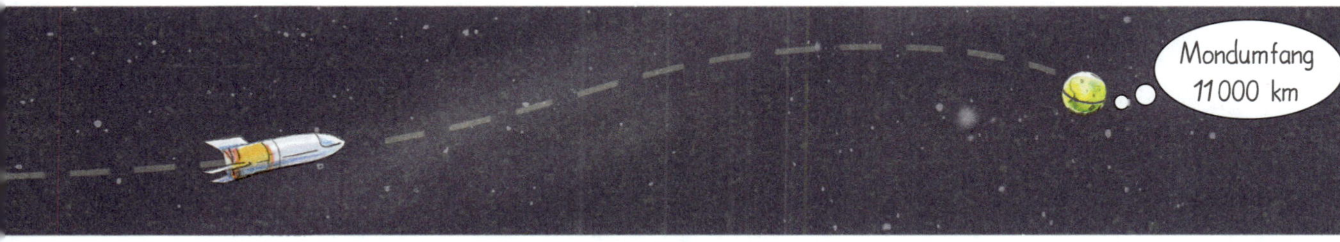

5 Welche Frage passt jeweils zum Text? Rechne und antworte.

a) Eine Mondrakete schaffte täglich 133 000 km. In drei Tagen hatte sie den Mond erreicht.

- **A** Wie groß ist der Durchmesser des Mondes?
- **B** Wie alt ist der Mann im Mond?
- **C** Wie weit ist der Mond von der Erde entfernt?

b) Ein Fußgänger im Mondanzug könnte täglich 10 km gehen.

- **A** Wie lange würde ein Rundgang um den Mond dauern?
- **B** Wie schwer ist der Mond?
- **C** Wie viel km kann ein Fußgänger ohne Mondanzug gehen?

c) Der Mond umkreist sehr schnell die Erde. In einer Stunde legt er 4 000 km zurück.

- **A** Wie alt ist der Mond?
- **B** Wie viel Kilometer bewegt sich die Erde in der Stunde?
- **C** Wie viel Kilometer bewegt sich der Mond an einem Tag um die Erde?

6 Entscheide, welche Zahlen du zum Rechnen brauchst.

Auf dem Mond ist alles leichter als auf der Erde. Es wiegt nur den sechsten Teil.
Am Tage wird das Land 130° Celsius heiß, nachts sinkt die Temperatur auf 150° Celsius unter Null.

a) Wie schwer wärst du ungefähr auf dem Mond?
b) Wie schwer wären deine Eltern?
Erfinde weitere Aufgaben.

7 Ein vollgetanktes Raumschiff startet auf der Erde mit einem Gewicht von 900 t.
Auf dem Mond wiegt es nur noch 40 t.
Wie viel Treibstoff verbrauchte es für den Flug zum Mond?
Denke daran, wie leicht alles auf dem Mond ist.

W

8 a) 

Der dritte Teil von 9000 ist ___ .

9000 : 3

b) 

Die Hälfte von 5000 ist ___ .

c) 

Der vierte Teil von 2000 ist ___ .

d) 

Der fünfte Teil von 2000 ist ___ .

e) 

Der vierte Teil von 8000 ist ___ .

f) 

Der achte Teil von 8000 ist ___ .

g) 

Der dritte Teil von ___ ist ___ .

h) 

Der vierte Teil von ___ ist ___ .

Lösungsskizzen

1

Felix plant den Familiensonntag.

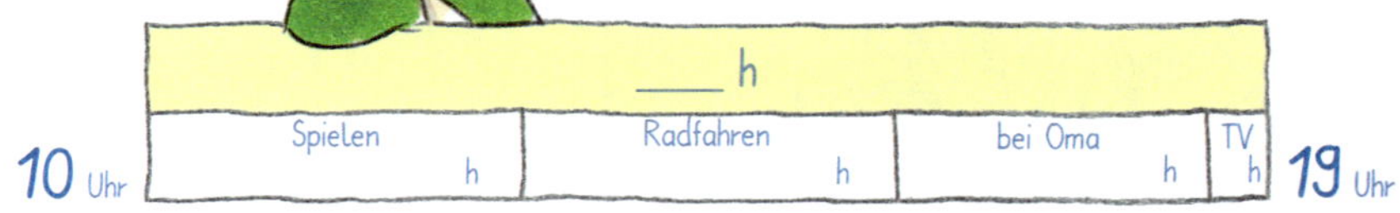

2 Wie würdest du deinen Familiensonntag planen? Zeichne eine Skizze.

3 Die Kinder werden von 13:30 Uhr bis 16:30 Uhr in der Schule betreut.
Die Hälfte der Zeit sollen sie Sport treiben.
Für Hausaufgaben ist eine Stunde eingeplant.
Die restliche Zeit bleibt zum freien Spielen.

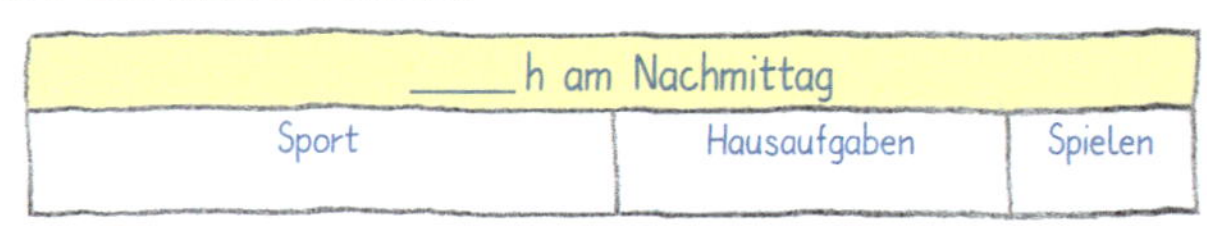

4 Der Ausflug zum Planetarium dauert von 08:45 Uhr bis 15:15 Uhr.
Die halbe Zeit ist für die Vorführung vorgesehen.
Die Fahrt dauert insgesamt 2 Stunden.
Wie viel Pausenzeit bleibt dann noch?

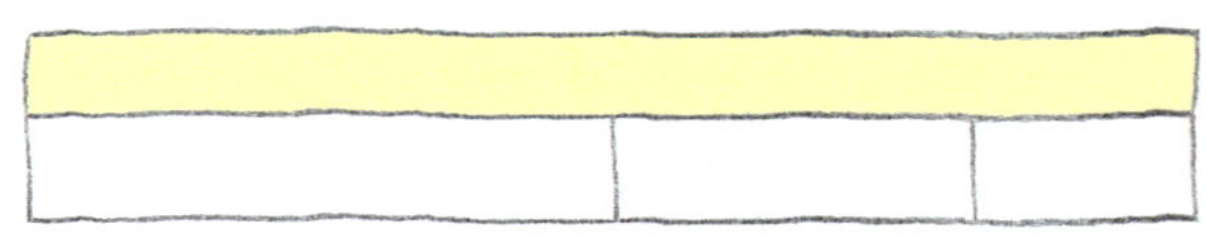

5 Zeichne Skizzen, rechne aus.

a) Der Sportverein SV 20 organisiert eine Ferienwoche in der Eifel.
Er hat 3 200 € zur Verfügung. Die Fahrt kostet den vierten Teil davon, die Vollpension 2 000 €.
Das restliche Geld ist für Ausflüge bestimmt.

b) Eine Kindergruppe fährt zu einer Ferienfreizeit auf die Insel Wangerooge.
Die Gruppe hat 4 800 € zur Verfügung. 3 000 € kostet die Vollpension.
Vom restlichen Geld wird die Hälfte für Fahrtkosten gebraucht, die andere Hälfte für Ausflüge.

6 Welcher Text passt zum Aufgabentext und zur Lösungsskizze? Frage, rechne und antworte.
Der Kinderchor fährt zu einer Übungswoche in den Taunus.
Die Woche kostet insgesamt 2 400 €.

A Die Fahrt kostet 1 200 €, die Verpflegung die Hälfte vom Rest. Die andere Hälfte wird für die Übernachtung bezahlt.

B Die Fahrtkosten machen den dritten Teil der Gesamtkosten aus, die Verpflegung kostet 980 €. Der Rest ist für die Übernachtung.

C Die Fahrtkosten machen die Hälfte der Gesamtkosten aus, die Verpflegung kostet 1 000 €. Der Rest ist für die Übernachtung.

7

Zusammenhang zwischen Text und Skizze und den Lösungsweg jeweils beschreiben.
1, 3, 5, 6 Fragestellung selbst entwickeln, rechnen, angemessen antworten.

1 Die Klasse 4c hat Aufgaben für euch geschrieben.

In der Zeitung stand, dass ein Landwirt Lebensmittel für 85 Menschen erzeugt. In meinem Dorf gibt es 3 Landwirte.
Carola

Ich nehme täglich $2\frac{1}{2}$ kg Lebensmittel zu mir. Wie viel Tonnen Lebensmittel werde ich in 80 Jahren zu mir genommen haben?
Simon

Ich esse an jedem Tag ungefähr 180 g Brot und Brötchen. Wie viel kg werde ich wohl in den nächsten 10 Jahren verzehrt haben?
Moritz

Meine Haare sind 5 cm lang. In jeder Woche werden sie 3 mm länger. Wie lang sind sie in einem Jahr? Wie lang sind sie in 10 Jahren, wenn ich sie nicht schneiden lasse?
Alina

Ich wohne 2 km von der Schule entfernt. Wie viel km Schulweg habe ich in der Woche zu gehen, wenn ich zusammen mit meinem Bruder gehe?
Charlotte

Mein Vater läuft täglich 4 km. Er hat im Alter von 30 Jahren damit angefangen. Wie viel Kilometer läuft er wohl bis zum 70. Geburtstag?
Johanna

Eine Euromünze ist 2 mm dick. Ich wünsche mir zum Geburtstag einen 10 cm hohen Stapel von Euromünzen. Wie viel Geld habe ich dann?
Ali

Unsere Mülltonne ist 95 cm hoch. Jeden Monat wird sie voll. Kann mir jemand ausrechnen, wie hoch ich mir den Müllturm meiner Familie in 10 Jahren vorstellen soll?
Max

Ich bin 143 cm groß und wiege 38 kg. Wie alt ist meine Schwester?
Paul

2 Welcher Text passt zu diesen Aufgaben? Rechne und antworte.

a) 60 · 12

A Frau Schulz füttert 12 Hühner und 60 Küken.

B Das Huhn Lilli hat im vorigen Jahr nur noch 60 Eier gelegt. Wie viele Eier wären das im Monat?

C Jede Kuh vom Scholzhof liefert Milch für etwa 12 Menschen. Herr Scholz hat 60 Kühe.

b) 35 : 7

A Oma Beck geht mit einer Wandergruppe. Es sind 35 Frauen und 7 Männer.

B Opa Möller wandert nun schon 35 Jahre lang – täglich 7 km.

C Oma Schmitz wanderte in der vorigen Woche insgesamt 35 km. Wie viel km wären das an einem Tag?

c) 2 · 28 = ____
____ + ____ = 85

A Der Bus kann 85 Personen aufnehmen. Die Klassen 4a und 4b mit je 28 Kindern sind schon eingestiegen. Wie viele Personen können noch einsteigen?

B 2 Lehrer und 28 Kinder fahren im Bus. An der nächsten Schule steigen 85 Kinder ein. Wie viele Personen fahren jetzt mit?

3 20 | 200 | 20 000 | 2 000 | 200 000 | : | 2 | 4 | 5 | 10 | 20

Zum Knobeln

1 Die Jugendherberge Bad Iburg hat Dreibettzimmer und Vierbettzimmer. Insgesamt sind es 36 Betten in 11 Zimmern. Wie viele Dreibettzimmer und wie viele Vierbettzimmer stehen zur Verfügung?

2 Auf dem Bauernhof leben Hühner und Kaninchen. Sie haben zusammen 38 Beine und 14 Köpfe. Wie viele Hühner und wie viele Kaninchen sind es?

3 Ali hat schwarze, blaue und rote Strümpfe. Im Dunkeln holt er zwei Strümpfe aus dem Schrank. Wie viele Farbkombinationen sind möglich?

4 Tina, Fabio, Marie, Mona, Ria und Kevin trainieren Weitsprung.
Tina springt weiter als Mona, aber nicht so weit wie Kevin.
Fabio springt nicht so weit wie Mona, aber weiter als Marie.
Ria springt nicht so weit wie Marie.
Welches Kind springt am weitesten?

5 25 Kinder stellen sich der Größe nach auf. Die Anzahl der Kinder, die größer als Emma sind, ist um 6 höher als die Anzahl der Kinder, die kleiner als Emma sind. Wie viele Kinder sind größer und wie viele sind kleiner als Emma?

6 Als Anna 8 Jahre alt war, war ihr Vater 38 Jahre alt.
Nun ist ihr Vater doppelt so alt wie Anna.
Wie alt ist Anna?

7 Tim wiegt 45 kg. Oma ist 7 kg schwerer als Tim.
Tim und Oma sind zusammen doppelt so schwer wie Lisa.
Lars ist halb so schwer wie Tim.
Wie schwer sind Oma, Lisa und Lars?

8 15 Dosen werden an drei Kinder verteilt. 5 Dosen sind voll mit Keksen, 5 sind leer und 5 Dosen sind halb voll.
Jedes Kind soll gleich viele Kekse erhalten. Wie teilen die Kinder, ohne eine Dose zu öffnen?

9 Ben hat 16 Fünfzig-Cent-Münzen gespart, Tilo 22 Zwanzig-Cent-Münzen. Jeder gibt täglich eine seiner Münzen aus. Eines Tages sagt Tilo: „Ab heute habe ich mehr Geld als du."
Am wie vielten Tag ist das?

10 Eine Schnecke ist in einen 10 m tiefen Brunnen gefallen. Sie kriecht jeden Tag 3 m hoch, nachts rutscht sie wieder 2 m zurück. Nach wie vielen Tagen ist sie wieder oben?

Diff.: Lösungswege erklären und begründen. **8** Evtl. eine Lösungsskizze anlegen. **9** Evtl. Geld bereit stellen.

Das große DURCH-3-SPIEL

Der erste Spieler würfelt
und setzt seine Figur vor.
Er teilt die grüne Zahl in der Kuppel
durch 3.
Dann sucht er die schwarze Ergebniszahl
auf einem anderen Raumschiff und setzt
seine Figur dort in die Kuppel.
Nun ist der nächste Spieler
an der Reihe.

Im Kopf oder halbschriftlich dividieren

1 Das kannst du im Kopf rechnen.

a)	b)	c)	d)	e)
60 : 6	80 : 4	90 : 3	50 : 5	60 : 3
600 : 6	800 : 4	900 : 3	5 000 : 5	600 : 3
660 : 6	880 : 4	990 : 3	5 050 : 5	660 : 3

f)	g)	h)	i)	j)
80 : 2	40 : 4	30 : 3	56 : 8	48 : 6
800 : 2	400 : 4	600 : 3	400 : 8	600 : 6
4 000 : 2	8 000 : 4	21 000 : 3	8 000 : 8	30 000 : 6
4 880 : 2	8 440 : 4	21 630 : 3	8 456 : 8	30 648 : 6

k)	l)	m)	n)	o)
180 000 : 9	32 000 : 8	360 000 : 4	35 000 : 7	270 000 : 3
27 000 : 9	800 : 8	1 240 : 4	14 000 : 7	1 800 : 3
630 : 9	24 : 8	280 : 4	630 : 7	150 : 3
207 630 : 9	______ : 8	______ : 4	______ : 7	______ : 3

2

5 700 € für Tierheime

Neustadt (fpa) Die Tombola des Stadtfestes brachte am Sonntag 5 700 € ein. Dieses Geld soll zu gleichen Teilen an die **3** Tierheime der Stadt verteilt werden.

Wie viel Geld erhält jedes Tierheim?

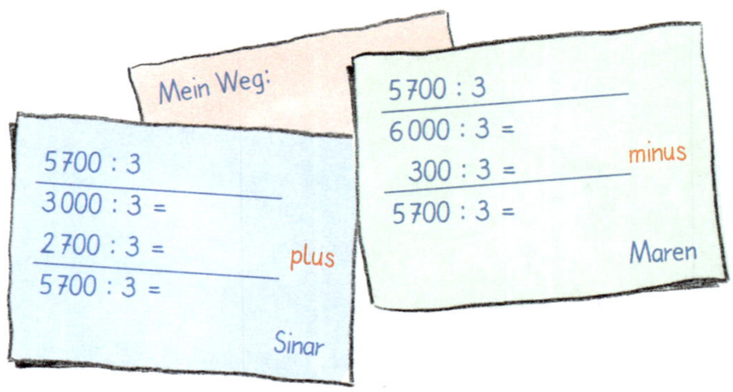

3 Wähle deinen Rechenweg.

a) 7 500 : 3 b) 7 600 : 4 c) 1 236 : 6 d) 12 360 : 6 e) 248 560 : 8

4 Einige Aufgaben kannst du im Kopf rechnen.

a)	b)	c)	d)	e)
6 600 : 4	2 170 : 7	972 : 3	64 206 : 2	84 246 : 2
6 600 : 5	2 240 : 7	972 : 6	64 206 : 3	84 246 : 3
6 600 : 2	3 850 : 7	927 : 9	64 206 : 6	84 246 : 6
6 600 : 8	4 270 : 7	927 : 3	64 206 : 9	84 248 : 4
6 600 : 6	6 790 : 7	954 : 6	64 208 : 8	84 248 : 8

5

Stellt euch gegenseitig Divisionsaufgaben.

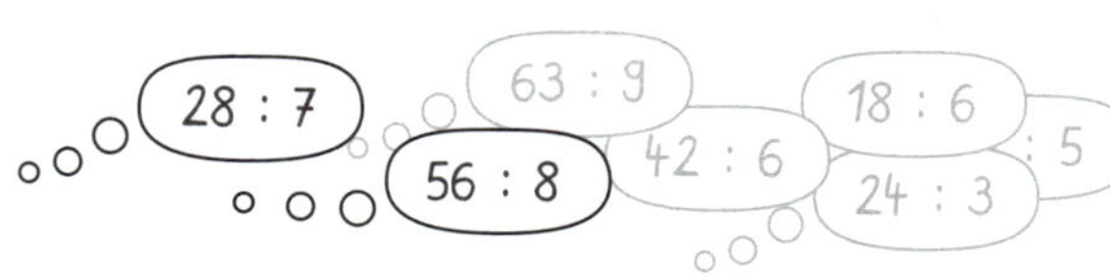

W

6

Halbschriftliches und schriftliches Dividieren

1

Die Gewinnerinnen teilen sich das Geld.
Wie viel Euro bekommt jede?

Halbschriftliches Dividieren.

```
8 5 8 9 : 3
6 0 0 0 : 3 = 2 0 0 0
2 4 0 0 : 3 =   8 0 0
  1 8 0 : 3 =     6 0
      9 : 3 =       3
8 5 8 9 : 3 = 2 8 6 3
```

Schriftliches Dividieren.

```
  T H Z E         T H Z E
  8 5 8 9 : 3 = 2 8 6 3
- 6
  2 5
- 2 4
    1 8
  - 1 8
      0 9
    -   9
        0
```

Immer wieder:
dividieren
multiplizieren
subtrahieren

2 a) 792 : 6

```
7 9 2 : 6
6 0 0 : 6 = 1 0 0
1 8 0 : 6 =   3 0
  1 2 : 6 =
7 9 2 : 6 =
```
Marie

```
7 9 2 : 6 = 1 3
6
1 9
1 8
  1
```
Paul

b) 62 896 : 4

```
6 2 8 9 6 : 4
4 0 0 0 0 : 4 = 1 0 0 0 0
2 0 0 0 0 : 4 =   5 0 0 0
  2 8 0 0 : 4 =
      8 0 : 4 =
      1 6 : 4 =
6 2 8 9 6 : 4 =
```
Marie

```
6 2 8 9 6 : 4 = 1 5
4
2 2
2 0
  2 8
```
Paul

3 Dividiere halbschriftlich oder schriftlich.

a)	b)	c)	d)	e)
664 : 8	942 : 6	987 : 7	981 : 3	578 : 2
664 : 4	9 942 : 6	9 877 : 7	7 984 : 4	9 432 : 8
664 : 2	99 942 : 6	98 777 : 7	67 985 : 5	72 912 : 6

83 141 157 158 166 289 327 332 1 179 1 411 1 657 1 996 12 152 13 597 14 111 16 657

4 Manche Aufgaben kannst du im Kopf rechnen.

starke Päckchen 2

a)	b)	c)	d)	e)
896 : 2	9 832 : 8	9 966 : 6	96 822 : 2	984 : 3
896 : 4	9 832 : 4	9 966 : 3	96 822 : 3	9 844 : 4
896 : 8	9 832 : 2	9 966 : 2	96 822 : 6	98 445 : 5

112 224 328 448 1 229 1 661 2 458 2 461 3 322 4 916 4 983 16 137 19 689 32 274 48 410 48 411

Erkläre die Zusammenhänge.

5 Drei Kollegen haben im Lotto zusammen 7 488 € gewonnen.

a) Wie viel Geld bekommt jeder Spieler?

b) Wie viel Geld würde jeder Spieler bekommen, wenn sechs Kollegen diesen Gewinn erzielt hätten?

6 Hat sich das Lottospielen für Frank gelohnt?
Im vorherigen Jahr hatten er und seine vier Kollegen zusammen 985 € gewonnen.
Frank erinnert sich aber, dass jeder 315 € eingezahlt hatte.

Halbschriftliches Dividieren (Zahlenrechnen) und schriftliches Dividieren (Ziffernrechnen) in Beziehung setzen und zum Verständnis führen. Das halbschriftliche Dividieren zu sicherer Beherrschung bringen.

Dividieren – Anzahl der Stellen

1

7461 : 9

7461 : 3

Wer hat recht?
Prüft und begründet.

2 Dividiere halbschriftlich oder schriftlich.
Überlege vorher, wie viele Stellen das Ergebnis haben muss.

a) 736 : 4
736 : 8
342 : 3
342 : 6

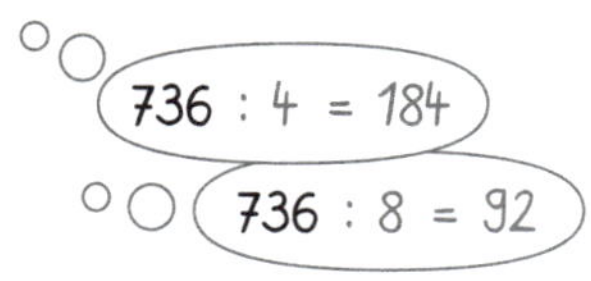

b) 5112 : 4
5112 : 6
7872 : 6
7872 : 3

c) 296 : 2
296 : 4
747 : 9
747 : 3

3 Wie viele Stellen muss das Ergebnis haben? Überlege erst, rechne dann.

a) 9736 : 8
9736 : 4

b) 4314 : 3
4314 : 6

c) 4692 : 3
4692 : 6

d) 8964 : 9
8964 : 3

e) 56736 : 6
56736 : 2

4

a) 

b) 

W

5 Zeichne mit dem Geodreieck Rechtecke auf Papier ohne Karos.

a)

	A	B	C	D	E	F	G	H
Länge	3 cm	3 cm	5 cm	7 cm	$6\frac{1}{2}$ cm	$8\frac{1}{2}$ cm	11 cm	10 cm
Breite	1 cm	2 cm	1 cm	6 cm	3 cm	$3\frac{1}{2}$ cm	5 cm	3 cm

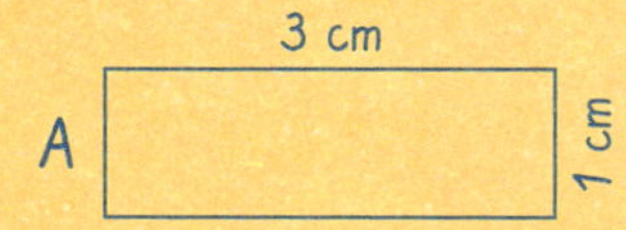

b)

	I	J	K	L	M	N
Länge	4 cm 3 mm	1 cm 9 mm	4 cm 1 mm	2 cm 2 mm	5 cm 2 mm	3 cm 5 mm
Breite	1 cm 5 mm	6 mm	2 cm 3 mm	3 cm 3 mm	5 cm 2 mm	3 cm 5 mm

6 a) Zeichne um denselben Mittelpunkt viele Kreise, den kleinsten Kreis mit dem Radius $1\frac{1}{2}$ cm. Der Radius der weiteren Kreise soll immer $\frac{1}{2}$ cm größer sein.

b) Erfinde weitere Muster.

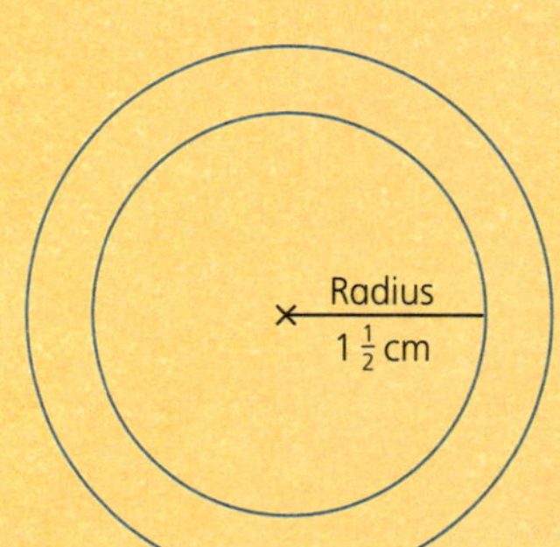

1 und 2 Beim schriftlichen Dividieren feststellen, ob die erste Stelle schon teilbar ist. Sonst die beiden ersten Stellen zusammenfassen. Das Ergebnis hat dann eine Stelle weniger. 5 und 6 Partnerkontrolle.

Dividieren – Überschlagen

1 1686 : 3

Wie groß wird das Ergebnis ungefähr sein? Überschlage.

Ü: 1500 : 3 = (Alina)

Ü: 1680 : 3 = (Lena)

Ü: 1800 : 3 = (Jonas)

Ü: 2000 : 3 = (Sophie)

Welchen Überschlag würdest du wählen? Begründe.

2 Vergleiche die Rechenergebnisse mit den Überschlägen. Können die Rechenergebnisse stimmen?

Lara:

Ü: 1200 : 4 = 300

1184 : 4
1000 : 4 = 200
160 : 4 = 40
24 : 4 = 6
1184 : 4 = 246

Tim:

Ü: 1600 : 4 = 400

1524 : 4
1200 : 4 = 300
320 : 4 = 80
4 : 4 = 1
1524 : 4 = 381

Charlotte:

Ü: 1600 : 4 = 400

1524 : 4 = 38
12
32
32
0

Erkläre die Fehler.

3 Entscheide, welcher Überschlag am besten passt.
Überschlage, rechne dann genau.

a) 5178 : 6
Ü: 6000 : 6
Ü: 5400 : 6
Ü: 5000 : 6

b) 8811 : 9
Ü: 10000 : 9
Ü: 8100 : 9
Ü: 9000 : 9

c) 12579 : 3
Ü: 12000 : 3
Ü: 15000 : 3
Ü: 13000 : 3

d) 38656 : 4
Ü: 36000 : 4
Ü: 32000 : 4
Ü: 40000 : 4

e) 17528 : 4
Ü: 15000 : 4
Ü: 16000 : 4
Ü: 17000 : 4

f) 5964 : 3
Ü: 5000 : 3
Ü: 5100 : 3
Ü: 6000 : 3

g) 65448 : 8
Ü: 64000 : 8
Ü: 68000 : 8
Ü: 72000 : 8

h) 5295 : 5
Ü: 6000 : 5
Ü: 4000 : 5
Ü: 5000 : 5

4 Überschlage, dividiere, vergleiche. Kann dein Ergebnis stimmen?

a)	b)	c)	d)	e)
279 : 3	1758 : 6	3512 : 4	266 : 7	684 : 9
27423 : 3	17586 : 6	35124 : 4	1113 : 7	1116 : 9
2742 : 6	1758 : 3	3512 : 8	57827 : 7	46611 : 9
792 : 6	468 : 3	928 : 8	8379 : 7	161712 : 9
54846 : 6	52758 : 3	13512 : 8	26313 : 7	75924 : 9

5 Die Nordschule hat 276 Kinder. Viele sind auch nach der Schule aktiv.
a) Jedes vierte Kind trainiert in einem Sportverein.
b) Jedes sechste Kind lernt ein Musikinstrument.
Wie viele Kinder sind das jeweils?

W

6 Knobeln

a)

b)

Dividieren – Null im Ergebnis, Probe

1

6 1 5 0 : 3 =
6 0 0 0 : 3 = 2 0 0
1 5 0 : 3 = 5 0
6 1 5 0 : 3 = 2 5 0

Leon

Leider falsch.

Ü: 6 0 0 0 : 3 = 2 0 0 0

6 1 5 0 : 3
6 0 0 0 : 3 = 2 0 0 0
1 5 0 : 3 = 5 0
6 1 5 0 : 3 = 2 0 5 0

Null an der Hunderterstelle.

Null an der Einerstelle.

6 1 5 0 : 3 = 2 0 5 0
6
0 1
0
1 5
1 5
0 0

Erkläre Leons Fehler.
Vergleiche mit den richtigen Rechnungen.

2 Achte auf Nullen im Ergebnis.

a)	b)	c)	d)
24 321 : 3	86 460 : 6	86 418 : 3	303 525 : 5
24 312 : 3	86 406 : 6	68 418 : 3	302 535 : 5
24 213 : 3	86 640 : 6	84 618 : 3	305 325 : 5
24 231 : 3	86 604 : 6	48 618 : 3	302 355 : 5

8071	8077	8099
8104	8107	14401
14410	14434	14440
16206	22806	28206
28806	60471	60507
60705	61065	

3

Leonie

Ü: 4 9 0 0 : 7 = 7 0 0

4 8 3 0 : 7 = 6 8 0

?

Der Überschlag zeigt, dass das Ergebnis **ungefähr** stimmt.
Stimmt es auch ganz **genau**?

Als **Probe** rechnet man die Umkehraufgabe.

Probe: 6 8 0 · 7
4 7 6 0

Probe:
7 · 6 8 0
7 · 6 0 0 = 4 2 0 0
7 · 8 0 = 5 6 0
7 · 6 8 0 = 4 7 6 0

Woran kann man sehen, dass Leonie wohl falsch gerechnet hat?

4 Sind die Ergebnisse richtig? Dividiere und rechne die Probe.

a) 5120 : 4 = 1280 — Marie

b) 18 315 : 9 = 2035 — Felix

c) 30170 : 7 = 431 — Charlotte

d) 6183 : 9 = 689 — Irina

a)
5 1 2 0 : 4
4 0 0 0 : 4 = 1 0 0 0
1 0 0 0 : 4 = 2 5 0
1 2 0 : 4 = 3 0
5 1 2 0 : 4 = 1 2 8 0

Probe: 4 · 1 2 8 0
4 · 1 0 0 0 = 4 0 0 0
4 · 2 0 0 = 8 0 0
4 · 8 0 = 3 2 0
4 · 1 2 8 0 = 5 1 2 0

e) 7744 : 8 = 968 — Leon

f) 40 395 : 5 = 8079 — Simon

g) 47448 : 6 = 7908 — Ali

h) 21570 : 3 = 719 — Moritz

W

5

a)	b)	c)	d)	e)
1 500 · 3	1 500 · 10	20 000 · 40	10 000 · 50	80 000 · 50
1 500 : 3	1 500 : 10	20 000 : 40	10 000 : 50	80 000 : 50
1 500 + 3	1 500 + 10	20 000 + 40	10 000 + 50	80 000 + 50
1 500 – 3	1 500 – 10	20 000 – 40	10 000 – 50	80 000 – 50

1 und 2 Die Vorteile des Überschlags – besonders bei Nullen im Ergebnis – klären.
3 und 4 Für die Probe das halbschriftliche und das schriftliche Multiplizieren nutzen. Schülerfehler besprechen.
4 Fünf Ergebnisse sind richtig.

1

Sport-Spaß
Schnellversandhaus

Lieferschein

Menge	Artikel
300	Springseile
100	Pedalos
250	Frisbee-Scheiben
500	Bälle

Diese Sportgeräte wurden für die **7 Grundschulen** der Stadt bestellt.
Verteile gleichmäßig. Wie viele bekommt jede Schule?

300 : 7
280 : 7 = 40
14 : 7 = 2
6 : 7
300 : 7 = 42 Rest 6

3	0	0	:	7	=	4	2	Rest	6
2	8								
	2	0							
	1	4							
		6							

Was passiert mit den restlichen Springseilen?

2

a)	b)	c)	d)	e)
4 310 : 3	9 223 : 5	15 979 : 9	16 427 : 8	367 076 : 9
4 310 : 4	9 223 : 6	15 979 : 5	16 427 : 4	367 066 : 9
4 310 : 5	9 223 : 7	15 979 : 1	16 427 : 2	367 047 : 9
4 310 : 6	9 223 : 8	15 979 : 3	16 427 : 6	367 071 : 9
4 310 : 7	9 223 : 9	15 979 : 6	16 427 : 7	367 018 : 9
4 310 : 8	9 223 : 4	15 979 : 7	16 427 : 9	367 062 : 9

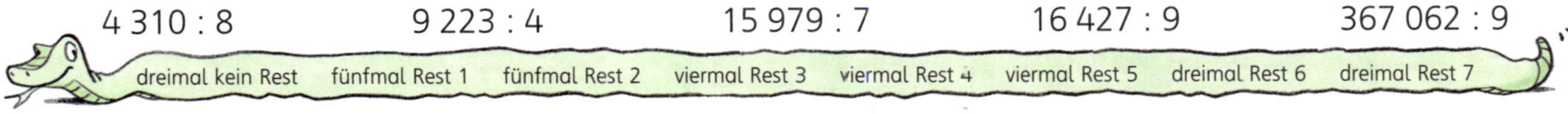

3 500 Frühstücksdosen sollen an 6 Grundschulen gleichmäßig verteilt werden.
a) Was machen wir mit dem Rest?
b) Können 506 Frühstücksdosen an diese Schulen ohne Rest verteilt werden?
c) Geht es ohne Rest, wenn 510 Frühstücksdosen verteilt werden?

4 793 | 1476 | 36450 | 2043 | 125700 | 403200

Dividiere jede Zahl a) durch 4 b) durch 6 c) durch 8 d) durch 7

5 1 2 4 5 8

Kannst du aus diesen Ziffern Divisionsaufgaben ohne Rest bilden?
Du musst nicht alle Ziffern in einer Aufgabe verwenden.

6 a) 5200 b) 78300 c) 938000 d) 134000 e) 9700 f) 53600

Dividiere erst durch 4, das Ergebnis dann durch 5 und nochmals durch 5.
Was stellst du fest? Kannst du Arbeit sparen?

W

7 Zeichne mit dem Geodreieck Quadrate. So lang soll jede Seite sein:

a)	b)	c)	d)	e)
$1\frac{1}{2}$ cm	7 cm	$5\frac{1}{2}$ cm	65 mm	26 mm
$4\frac{1}{2}$ cm	$3\frac{1}{2}$ cm	6 cm	30 mm	58 mm
2 cm	5 cm	8 cm	85 mm	74 mm

a) [Quadrat] $1\frac{1}{2}$ cm

1 und 3 Die Reste inhaltlich deuten. Vorschläge für die Verwendung machen. 3 Diff.: Weiter variieren.
7 Blankopapier verwenden

Der Taschenrechner – Vielfache

1

a) Das sind die wichtigsten Tasten am Taschenrechner:

b) Vergleiche mit deinem Taschenrechner.

2 7353 | 507 | 8315 | 51379 | 38317 | 9315 | 35137

a) Tippe diese Zahlen ein. Drehe den Taschenrechner. Was siehst du?
b) Finde selbst solche Zahlen.

3 a) Multipliziere mit dem Taschenrechner.

1 · 7 = 7   14 · 7 =
2 · 7 = 14   15 · 7 =
3 · 7 = 21   …
…   Setze fort.

> 7, 14, 21, … nennt man **Vielfache** von 7.

b) 17 ist kein Vielfaches von 7. Warum nicht?

4 a) Schreibe zehn Vielfache von 8 auf.
b) Schreibe fünf Vielfache von 25 auf.
c) Schreibe die Vielfachen von 125 auf, die größer als 600 und kleiner als 1001 sind.
d) Welche Vielfachen von 77777 sind kleiner als 1000000? Schreibe auf.

5 Gibt es Vielfache von 15, die auch gleichzeitig Vielfache von 20 sind?

6 Rechne erst im Kopf. Prüfe dann mit dem Taschenrechner.

a)	b)	c)	d)	e)	f)
8 · 125	4 · 25000	2 · 75000	4 · 12500	6 · 1500	8 · 250000
8 · 250	8 · 12500	4 · 75000	4 · 20000	12 · 1500	8 · 200000
8 · 500	2 · 12500	6 · 75000	4 · 50000	24 · 1500	8 · 150000

W

7 Rechne schriftlich. Überprüfe mit dem Taschenrechner.

a) 426517 + 86392 + 107500
b) 509490 + 216580 + 82700
c) 200000 + 73412 + 223529
d) 500000 – 248312 – 13670
e) 500000 – 86583 – 409518
f) 500000 – 452706 – 5007
g) 300000 – 174248 + 267323
h) 400000 – 93169 + 635285
i) 143938 + 577657 – 463719

8

1 Evtl. auf die Begriffe Summe, Differenz, Produkt, Quotient eingehen.

Der Taschenrechner – Teiler

1 a) Dividiere mit dem Taschenrechner.

18 : 1 = 18
18 : 2 = 9
18 : 3 = 6
18 : 4 = 4,5
Setze fort bis
18 : 18 =

> 1, 2, 3, 6, 9, 18 nennt man **Teiler** von 18.

b) 4 ist kein Teiler von 18. Woran erkennst du das?

2 24 | 90 | 36 | 100 | 35 | 23 | 99

a) Untersuche die Zahlen mit dem Taschenrechner. Schreibe alle Teiler auf.
b) Welche Zahl hat die meisten Teiler?
c) Finde eine Zahl, die genau 3 Teiler hat.

a) Teiler von 24:
1, 2,

3 a) Schreibe drei Teiler von 100 auf.
b) Schre be sechs Teiler von 5 000 auf.
c) Schreibe die Teiler von 2 500 auf, die kleiner als 10 sind.
d) Welche Teiler von 1 000 sind kleiner als 50 und cröß er als 10?

4 a) Gibt es gemeinsame Teiler von 12 und 27?
b) Haben 15 und 24 auch gemeinsame Teiler?
c) Finde gemeinsame Teiler von 16 und 28.
d) Finde gemeinsame Teiler von 24 und 32.

5 Kann das stimmen?

A „Alle geraden Zahlen kann man durch 2 teilen."

B „1 ist Teiler von allen Zahlen."

C „Alle ungeraden Zahlen haben nur 2 Teiler."

D „Eine Zahl kann nie mehr als fünf Teiler haben."

E „Jede Zahl ist Teiler von sich selbst."

6 Rechne erst im Kopf. Prüfe dann mit dem Taschenrechner.

Starke Päckchen 2

a)	b)	c)	d)	e)
2 000 : 4	1 000 000 : 4	10 000 : 2	6 000 : 2	75 000 : 100
4 000 : 4	1 000 000 : 5	10 000 : 4	3 000 : 2	75 000 : 75
10 000 : 4	1 000 000 : 8	10 000 : 8	1 500 : 2	75 000 : 25

W

7 Dividiere. Überprüfe mit dem Taschenrechner.

a)	b)	c)	d)	e)
852 : 3	5 640 : 8	19 242 : 3	5 460 : 7	869 784 : 4
1 665 : 3	5 640 : 4	19 242 : 6	464 : 8	394 219 : 7
9 123 : 3	5 640 : 2	19 242 : 9	8 885 : 5	745 146 : 9

8 a) 900, 2 100, 270 000 : 3, 30, 300

b) 800, 2 400, 16 000 : 4, 40, 400

1 Besprechen, dass der Taschenrechner beim Dividieren keinen Rest anzeigt, sondern auf Nachkommastellen genau rechnet.

Teilbarkeitsregeln

1 Suche zehn Zahlen, die du ohne Rest teilen kannst.
a) durch 2 b) durch 5 c) durch 10

2 Woran kannst du erkennen, dass eine Zahl durch 2, 5 oder 10 **teilbar** ist?
Schreibe die Regeln auf.

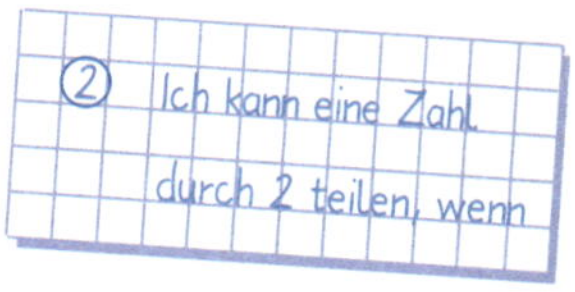

3 Finde große Zahlen,
a) die durch 2 teilbar sind.
b) die durch 5 teilbar sind.
c) die durch 10 teilbar sind.
d) die durch 20 teilbar sind.
e) die durch 50 teilbar sind.
f) die durch 80 teilbar sind.

4 a) Schreibe Zahlen auf, die durch 4 teilbar sind.
b) Findest du auch hier eine Regel?

5 63 | 99 | 1 590 | 576 | 142 | 8 462

a) Prüfe, ob diese Zahlen ohne Rest durch 3 teilbar sind.
b) Kannst du an der Einerstelle erkennen, ob eine Zahl durch 3 teilbar ist?

6

a) Vier Kinder wollen sich eine Tafel Schokolade teilen.
Wie viele Stücke müsste sie haben,
damit sie gerecht geteilt werden kann?
b) Wie wäre es, wenn ein fünftes Kind dazu käme?

7

A „Eine Zahl, die man durch 9 teilen kann, kann man auch durch 3 teilen."

B „Jede Zahl, die durch 5 teilbar ist, ist auch durch 10 teilbar."

C „Man kann an der Einerstelle erkennen, ob eine Zahl durch 4 teilbar ist."

W

8 Finde die Regel. Setze fort.

a) __, __, __, __, 3 000, 3 750, 4 500, __, __, 6 750
b) __, __, __, __, 4 900, 6 125, 7 350, __, __, 11 025
c) __, __, __, __, 12 500, 10 000, 7 500, __, __, 0
d) __, __, __, __, 26 000, 20 800, 15 600, __, __, 0
e) __, __, __, __, 1 100, 880, 660, __, __, 0
f) __, __, __, __, 2 300, 1 840, 1 380, __, __, 0

Erfinde auch eigene Zahlenfolgen.

9 a)

b)

2 Die Teilbarkeit ist schon an der Einerstelle erkennbar. **4** Die letzten beiden Stellen müssen durch 4 teilbar sein.
5 Evtl. auf Quersummenregel eingehen.

Teilbarkeit – Primzahlen

1 6 3 12 7 9 2

a) Wie viele Teiler hat jede dieser Zahlen?
b) Welche Zahlen haben genau zwei Teiler?

> **Primzahlen** sind nur durch 1 und sich selbst teilbar.
> 1 ist keine Primzahl.

2 Welche Zahlen sind Primzahlen?

a) 21 23 31 33 37 45 53 69

b) 27 41 51 56 61 87 113 145

a) 21 : 1 = 21
21 : 2 = 10 R 1
21 : 3 = 7
21 ist keine Primzahl.

3 Gibt es Primzahlen, die größer als 70 und kleiner als 100 sind?

4 So kannst du alle Primzahlen finden:

~~1~~	(2)	3	~~4~~	5	~~6~~	7
	~~8~~	9	10	11	12	13
14	15	16	17	18	19	
20	21	22	23	24	25	

– Schreibe die Zahlen so geordnet ins Heft.
– Streiche die 1 durch, weil sie keine Primzahl ist.
– Kreise die **Primzahl 2** ein.
Die Vielfachen von 2 sind keine Primzahlen.
Streiche sie auch durch.
– Kreise die **Primzahl 3** ein.
Streiche alle Vielfachen von 3 durch.
– Die nächste, nicht durchgestrichene Zahl ist wieder eine neue Primzahl.
Kreise sie ein. Streiche ihre Vielfachen durch.

5 Kann das stimmen?

A „Eine gerade Zahl ist nie eine Primzahl."

B „Es gibt zwei Nachbarzahlen, die beide Primzahlen sind."

C „Eine Primzahl kann durch 4 teilbar sein."

D „101 ist die kleinste dreistellige Primzahl."

6 Finde die Regel. Setze fort.

a) _, _, _, _, 960, 1 200, 1 440, _, _, 2 160
b) _, _, _, _, 18 000, 22 500, 27 000, _, _, 40 500
c) _, _, _, _, 7 500, 6 000, 4 500, _, _, _
d) _, _, _, _, 9 000, 7 200, 5 400, _, _, _
e) _, _, _, _, 16 000, 8 000, 4 000, _, _, _
f) _, _, _, _, 24 300, 8 100, 2 700, _, _, _

Erfinde auch eigene Zahlenfolgen.

7 a)

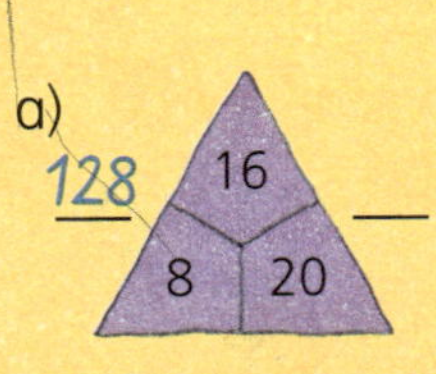

b)

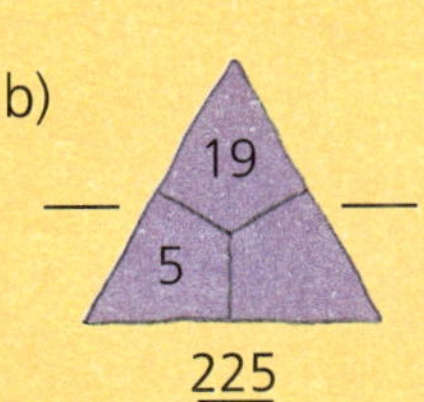

8 zum Knobeln

a)

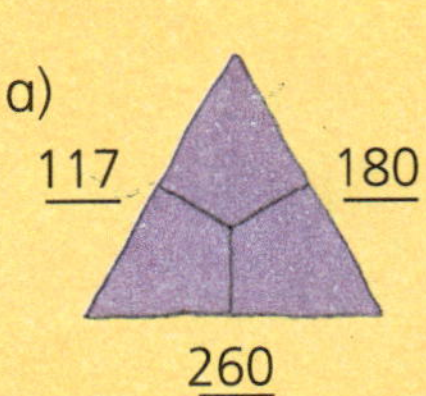

b)

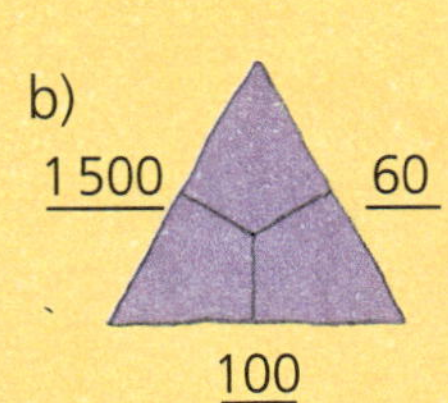

3 Taschenrechner nutzen. **4** Das Sieb des Eratosthenes.

Preisvergleich – Dividieren von Kommazahlen

1

Welche Kartoffeln sind billiger?
Begründe deine Antwort.

Rechen-konferenz

2 Der OLA-Markt bietet 6 kg Biokartoffeln für 4,32 € an, Bauer Mohr verkauft 2 kg Biokartoffeln für 1,78 €. Berechne jeweils den Preis für 1 kg und vergleiche.

Kartoffeln von OLA	Preis
:6 (6 kg	4,32 €) :6
1 kg	

Kartoffeln von Mohr	Preis
:2 (2 kg	1,78 €) :2
1 kg	

Leonie

Kartoffeln von Mohr	Preis
·3 (2 kg	1,78 €) ·3
6 kg	

Laura

3 Dividiere Kommazahlen.

starke Päckchen 2

a) 33,84 € : 8
33,84 € : 4
33,84 € : 2
33,84 € : 6

b) 192,42 € : 6
192,42 € : 9
88,55 € : 7
88,55 € : 5

```
a) 3384 ct : 8
   3200 ct : 8 = 400 ct
    160 ct : 8 =  20 ct
     24 ct : 8 =   3 ct
   3384 ct : 8 = 423 ct = 4,23 €
```

```
a) 33,84 € : 8
   32,00 € : 8 = 4,00 €
    1,60 € : 8 = 0,20 €
    0,24 € : 8 = 0,03 €
   33,84 € : 8 = 4,23 €
```

```
a) 3384 ct : 8 = 423 ct = 4,23 €
   32
    18
    16
     24
     24
      0
```

```
a) 33,84 € : 8 = 4,23 €
   32
    18
    16
     24
     24
      0
```

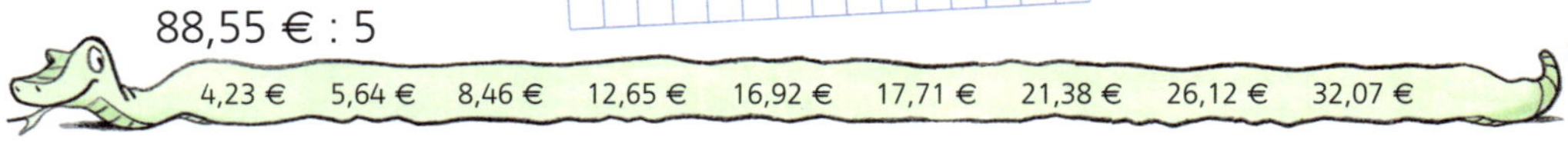

4 a) In der „Fruchtquelle" kosten 8 Apfelsinen 5,12 €.
Lisa konnte auf dem Wochenmarkt 4 Apfelsinen für 2,64 € kaufen.
b) Auf dem Markt werden 3 Zitronen für 0,87 € angeboten.
Im Supermarkt kostet ein Netz mit ___ Zitronen ___ €.

5

6 Manche Aufgaben kannst du im Kopf rechnen.

a)

b)

1 und **2** Rechenkonferenz: Für den Preisvergleich auf gleiche Mengen schließen (auf einheitlich 1 kg oder 2 kg oder auf 6 kg).
3 Links halbschriftliches, rechts schriftliches Dividieren. Mit Euro- oder Centbeträgen rechnen.
4 b) „Geöffnete" Sachaufgabe: Mengen und Preise erkunden.

1

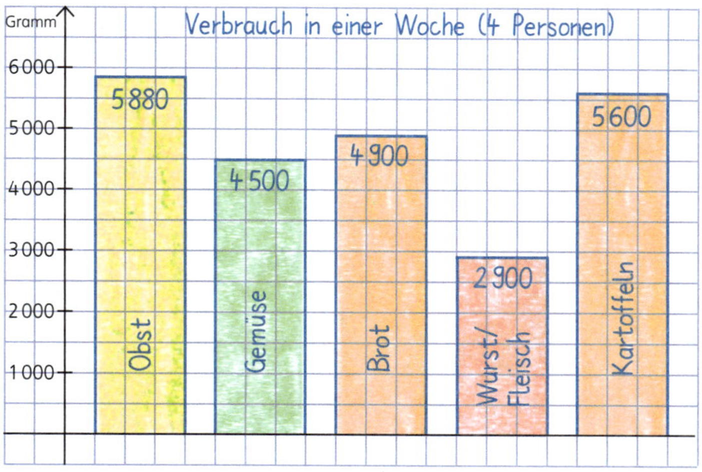

Mirko hat in einem Schaubild dargestellt, wie viel seine Familie in einer Woche verbraucht.

a) Wie viel verbraucht die Familie ungefähr in einem Jahr?

b) Vergleiche den Verbrauch der verschiedenen Lebensmittel in Mirkos Familie. Was meinst du dazu?

c) Wie viel verbraucht Mirkos Familie ungefähr an einem Tag?

„Ein Jahr hat ungefähr 52 Wochen.“

2 Welche Lebensmittelmengen verbraucht ihr?

a) Schreibe eine Woche lang den Verbrauch von Brot und Nudeln in deiner Familie auf.

b) Wie viel verbraucht deine Familie in einem Jahr? Schätze. Begründe deine Schätzung.

3 In der Woche trinkt Familie Scholz ungefähr 8 Flaschen Orangensaft. 1 Kiste mit 6 Flaschen kostet 6,96 €. Wie viel Geld gibt die Familie ungefähr in einem Jahr dafür aus?

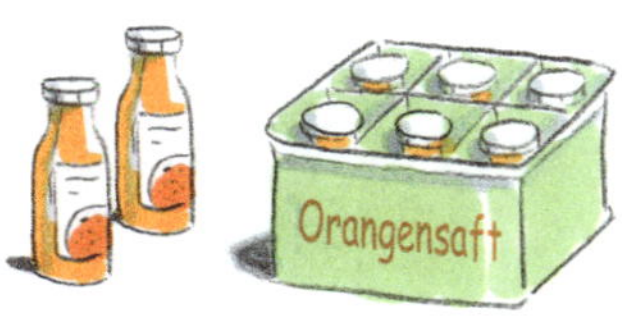

4

Verdoppelt und halbiert große Zahlen.

15 000 — 9 000

18 000 — 4 500 — 30 000 — 7 500

W

5

a) 630 € + 270 € : 3
(630 € + 270 €) : 3

750 € + 50 € : 5
(750 € + 50 €) : 5

2 500 € + 750 € : 50
(2 500 € + 750 €) : 50

3 500 € + 490 € : 70
(3 500 € + 490 €) : 70

b) 720 € + 80 € : 8
(720 € + 80 €) : 8

1 440 € + 160 € : 40
(1 440 € + 160 €) : 40

4 800 € + 840 € : 60
(4 800 € + 840 €) : 60

4 500 € + 810 € : 90
(4 500 € + 810 €) : 90

c) 320 € − 160 € : 8
(320 € − 160 €) : 8

3 600 € − 400 € : 40
(3 600 € − 400 €) : 40

4 000 € − 3 200 € : 80
(4 000 € − 3 200 €) : 80

6 000 € − 2 700 € : 30
(6 000 € − 2 700 €) : 30

6

A „Wenn ich Siebenerzahlen mit Siebenerzahlen addiere, erhalte ich wieder Siebenerzahlen.“

B „Wenn ich Quadratzahlen addiere, erhalte ich immer wieder Quadratzahlen.“

C „Es gibt gerade und ungerade Quadratzahlen.“

D „Wenn ich zwei ungerade Zahlen addiere, erhalte ich immer eine gerade Zahl.“

E „Wenn ich zwei Primzahlen addiere, erhalte ich wieder eine Primzahl.“

F „Quadratzahlen können auch Primzahlen sein.“

1 c) Dividieren mit und ohne Rest. 1 bis 3 Die Ergebnisse interpretieren und bewerten.
4 Partnerarbeit mit vielen weiteren Aufgaben. 6 Mit Beispielen bestätigen oder widerlegen. Drei Aussagen sind richtig.

Rechenwege – Überschlagen

1

Die Klasse 4a hat noch 25,98 €.
Sie braucht wieder einen Kasten Mineralwasser und einen Kasten Apfelsaft.
Wie viel Geld bleibt in der Klassenkasse?

Quittung
1 Kasten Mineralwasser 4,35 €
1 Kasten Apfelsaft 7,42 €

Julia:
25,98 € − 4,35 € = … €
… € − 7,42 € = … €

Paul:
4,35 € + 7,42 € = … €
25,98 € − … € = … €

Sarah:
25,98 € − 4,35 € − 7,42 € = … €

12 Flaschen Sprudel 3,99 €
6 Flaschen Apfelsaft naturtrüb 8,39 €

2 Überlegt, ob ein Überschlag ausreicht oder ein genaues Ergebnis nötig ist.

a) Die Klasse 4b hat noch 15,20 €. Sie möchte einen Kasten Sprudel und einen Kasten Apfelsaft kaufen.
b) Die Klasse 4c hat in ihrer Getränkekasse nur noch 11,50 €. Sie möchte drei Kästen Sprudel kaufen.
c) Die Klasse 4d benötigt 36 Flaschen Sprudel und 30 Flaschen Apfelsaft für das Abschlussfest. Reichen die 50 €?

3 Überschlage nur.

a) 246,26 € − 38,40 € − 34,70 €
b) 500,60 € − 219,50 € − 82,30 €
c) 372,40 € − 107,90 € − 213,70 €
d) 1 879,50 € + 89,70 € + 466,50 €
e) 3 727,65 € + 86,35 € + 283,40 €
f) 2 436,48 € + 759,22 € + 64,20 €

g) 436,50 € + 305,20 € − 98,36 €
h) 1 200,00 € − 117,50 € + 225,50 €
i) 2 635,90 € + 243,70 € − 392,20 €
j) 4 528,70 € − 417,30 € + 674,60 €
k) 505,25 € + 96,28 € − 601,53 €
l) 1 427,64 € − 159,19 € + 331,55 €

4

FÖRDERVEREIN
vorhanden 496,95 €
4. Dezember

Für den Förderverein spenden wir 634 €.
Fa. Ott 10. 12.

Bestellung
Lautsprecher ZX
566 € 16. Dez.

Reicht ein Überschlag oder sind genaue Ergebnisse nötig?

a) Wie viel Geld hat der Förderverein nach dem 16. Dezember noch?
b) Hätte der Förderverein zwei Lautsprecher bezahlen können?

5 Partnerarbeit: Ein Kind rechnet schriftlich, das andere überschlägt zur Kontrolle.

a) 35 420 + 18 215 + 9 570
b) 50 570 + 21 622 + 22 507
c) 86 305 + 4 650 − 3 580
d) 72 839 + 16 752 − 9 591
e) 100 000 − 42 300 + 4 907
f) 73 520 − 22 518 + 51 002
g) 82 470 + 34 520 − 31 830
h) 50 000 + 38 516 − 1 484
i) 236 480 + 448 250 − 11 230
j) 180 000 − 176 390 + 9 785
k) 300 000 − 136 520 − 4 507
l) 999 999 − 708 357 − 191 642

6 Start 100 000

100 000 → (+ 36 850) → ___ → (− 49 350) → ___ → (+ 36 850) → ___ → (− 49 350) → ___ → …

Kannst du geschickt rechnen?

Körper – Ansichten

1

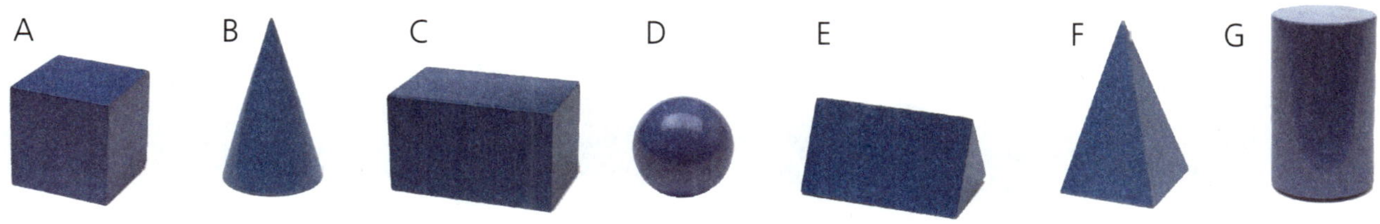

Ordne den Körpern die Namen zu: Kegel, Kugel, Prisma, Pyramide, Quader, Würfel, Zylinder

A	Würfel

2 Verschiedene Ansichten derselben Körper. Welche Körper sind es jeweils?

a)

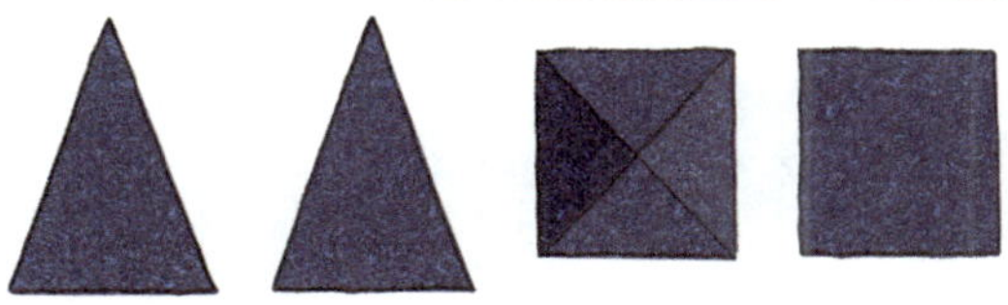

von vorn	von hinten	von oben	von unten

b)

von vorn	von hinten	von oben	von unten

c)

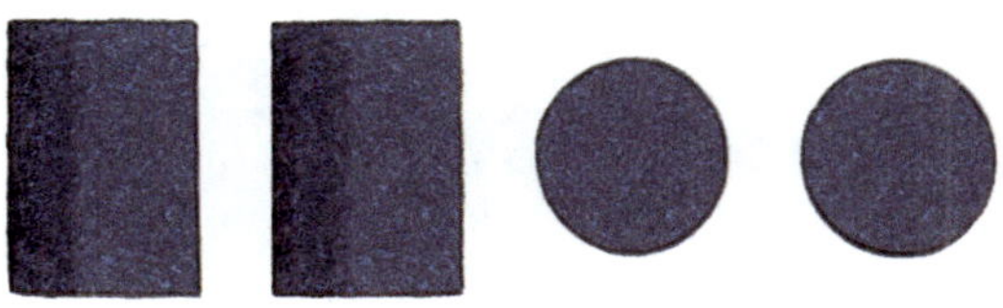

von vorn	von hinten	von oben	von unten

d)

von vorn	von hinten	von oben	von unten

e)

von vorn	von hinten	von oben	von unten

f)

von vorn	von hinten	von oben	von unten

3 a) Welche Körper haben die Kinder beschrieben?

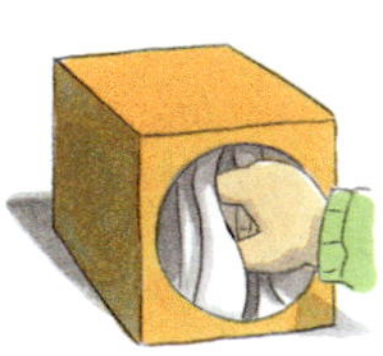

Die Grundfläche ist quadratisch. Vier Kanten treffen sich in einer Spitze. *Lisa*

Mein Körper hat 12 Kanten. Sie sind alle gleich lang. *Julian*

Mein Körper hat 6 Ecken und 9 Kanten. *Anna*

Mein Körper sieht von allen Seiten gleich aus. *Merit*

Von unten sehe ich an meinem Körper einen Kreis. *Leon*

An meinem Körper fühle ich 4 gleich große Dreiecke. *Cora*

Mein Körper hat keine Ecken und Kanten. *Dennis*

Die gegenüberliegenden Flächen sind jeweils gleich groß. *Ines*

b) Partnerarbeit: Beschreibt selbst einen Körper. Der andere errät ihn.

1 Dieses Prisma kann auch als Dreiecksäule bezeichnet werden.
3 Teilweise mehrere Lösungen.

Verpackungen – Netze

1

Faltet ein Postpaket auseinander. Nun seht ihr das **Netz** eines Quaders.

2 Sammelt Schachteln.
Schneidet sie an den Kanten so auf, dass jeweils das Netz zu erkennen ist.

3 Welches Netz passt?

a)

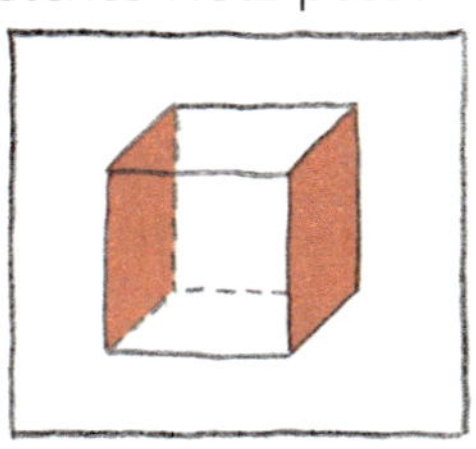

A

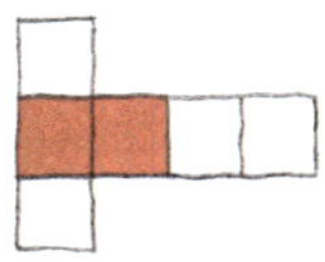

B

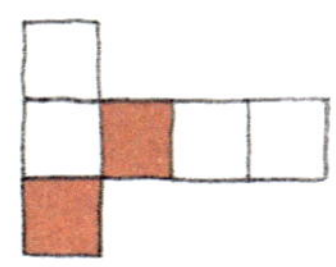

C

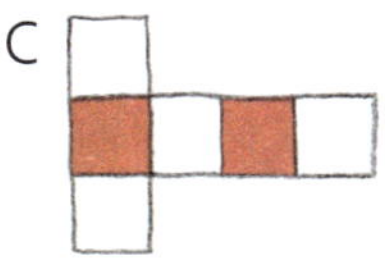

D

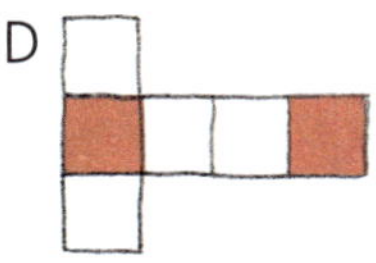

b)

A

B

C

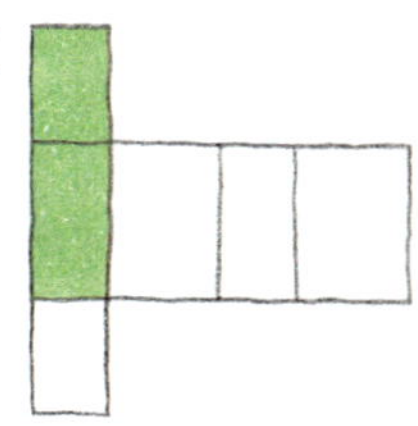

D

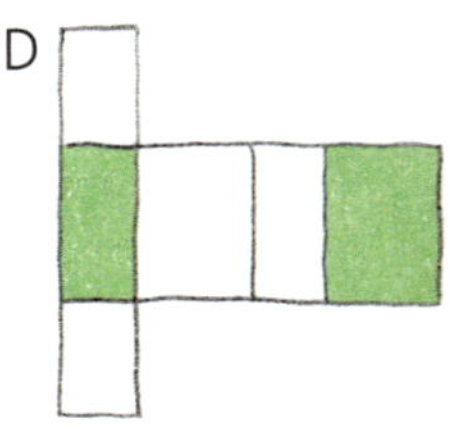

c)

A

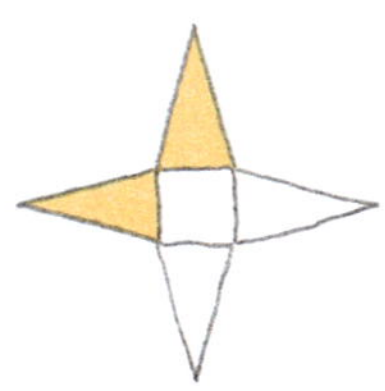

B

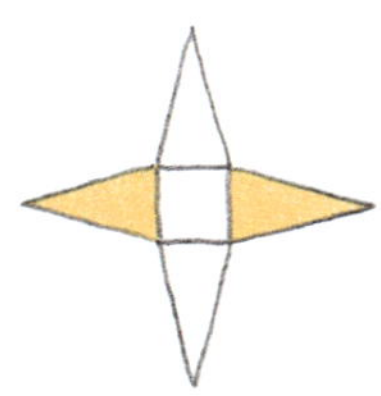

C

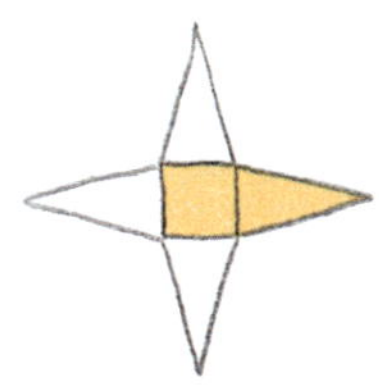

D

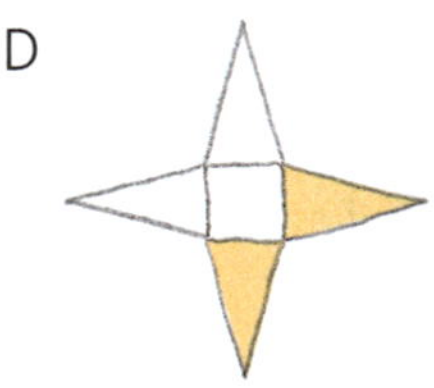

d)

A

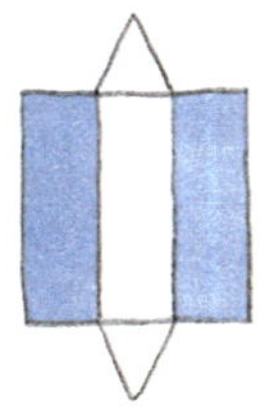

B

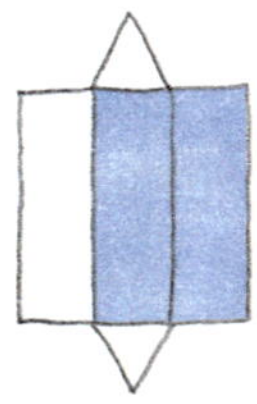

C

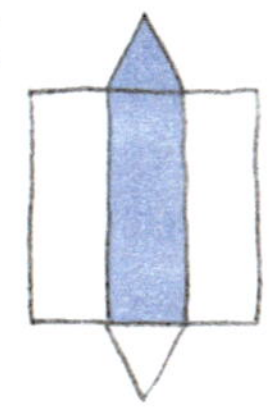

D

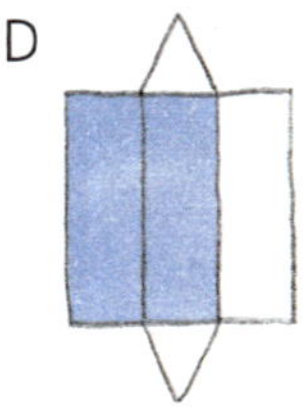

4 Welche Netze passen zum Spielwürfel?

A

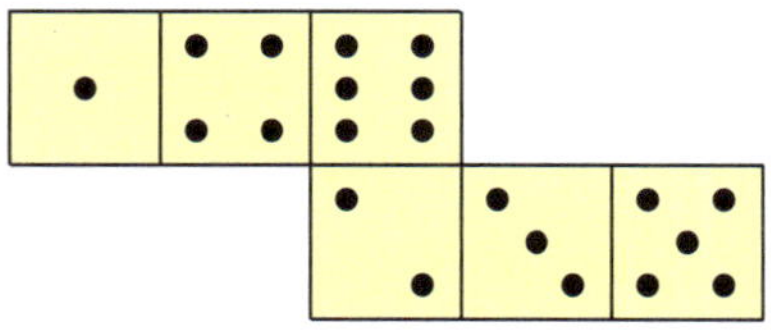

B

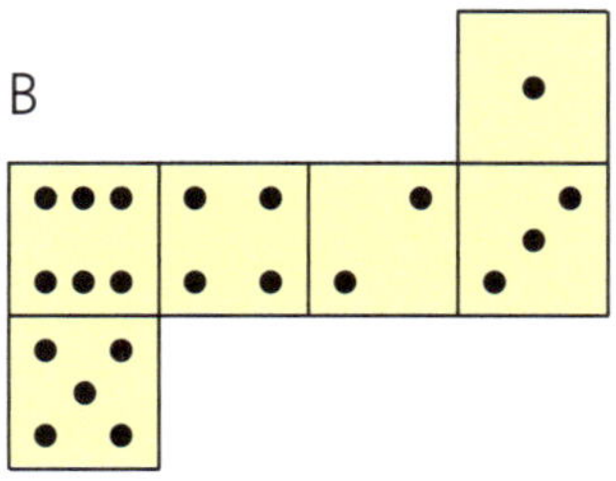

C

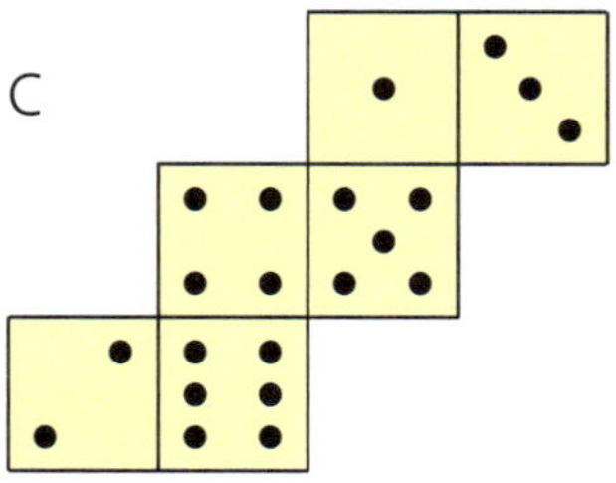

a) Begründe deine Antwort.
b) Stelle selbst einen Spielwürfel her.

5

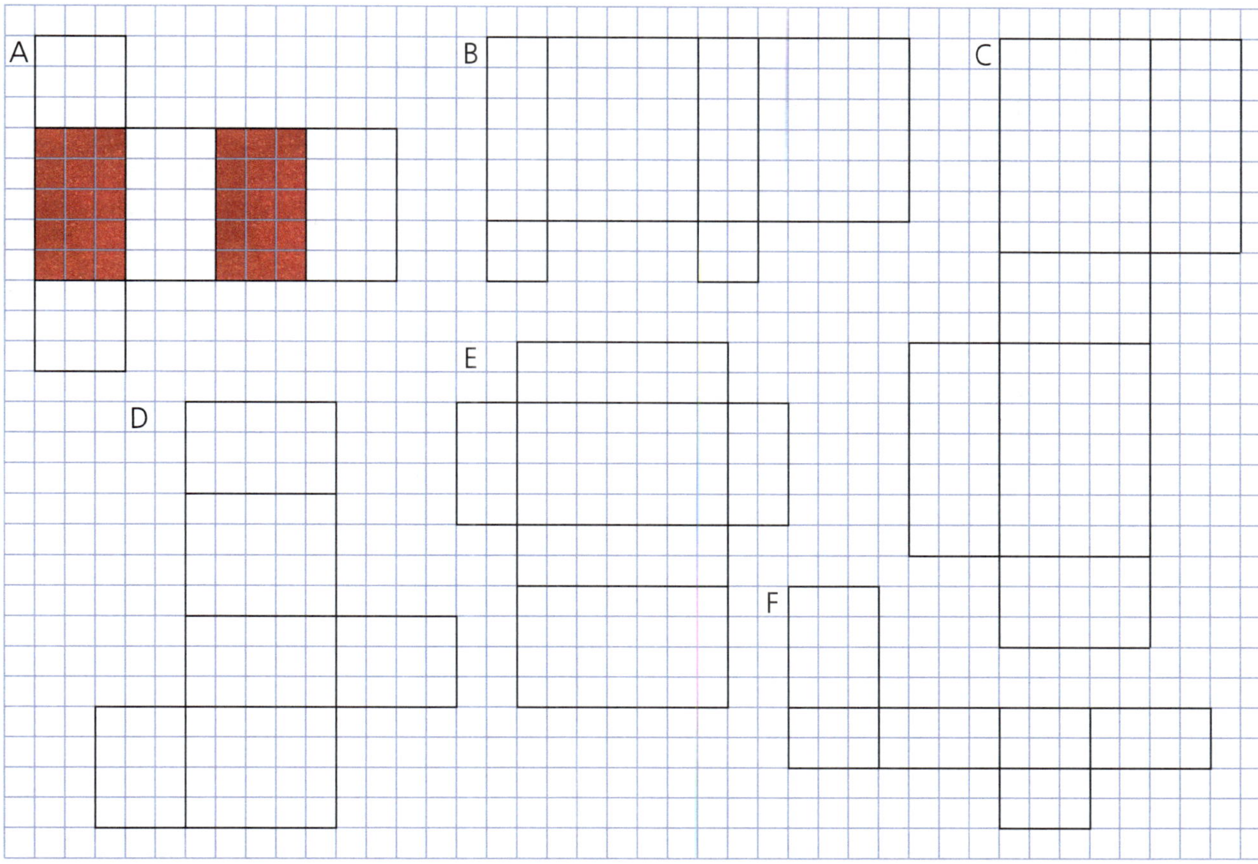

a) Zwei dieser Zeichnungen sind keine Quadernetze. Kannst du jetzt schon sagen welche? Begründe.

b) Zeichne die Netze auf Karopapier. Überlege, welche Flächen sich nach dem Zusammenfalten gegenüberliegen. Male sie gleichfarbig an.

c) Schneide aus und überprüfe.

6 Wie könnten die Netze dieser Schachteln aussehen?
Zeichne, schneide aus und überprüfe.

A

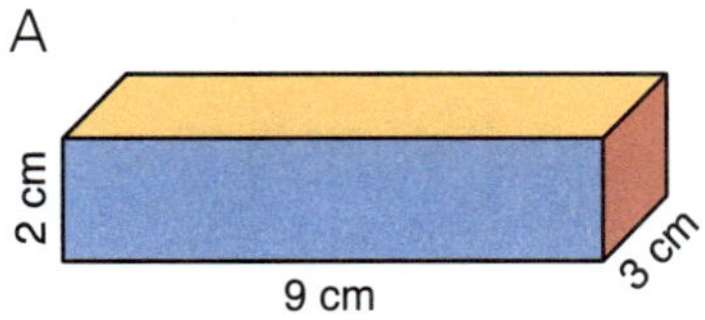

B

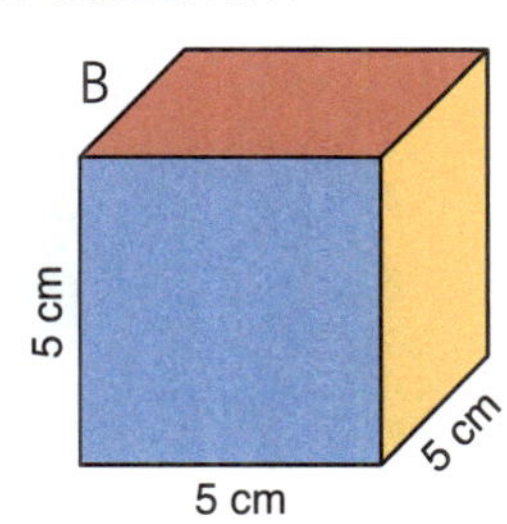

C

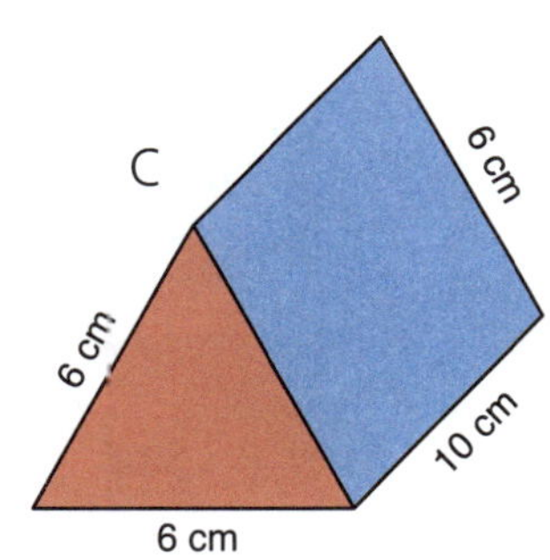

7 a)

Mona hat für ihre Oma ein Geschenk verpackt. Nun überlegt sie, wie viel Geschenkband sie braucht. Für die Schleife muss sie zusätzlich 60 cm berücksichtigen.

b)

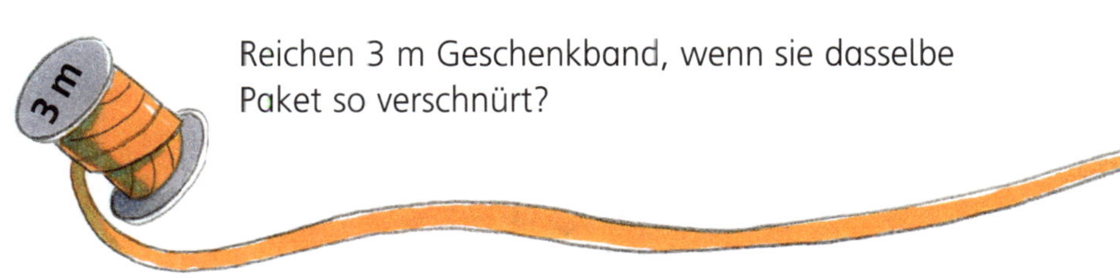

Reichen 3 m Geschenkband, wenn sie dasselbe Paket so verschnürt?

7 Diff.: Antwort begründen. Restliches Band berechnen.

Quader kippen

1

Ansicht der Schachtel.

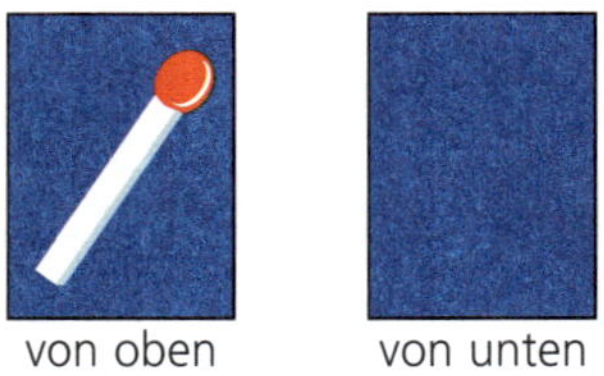

Kippe sie in verschiedene Richtungen.

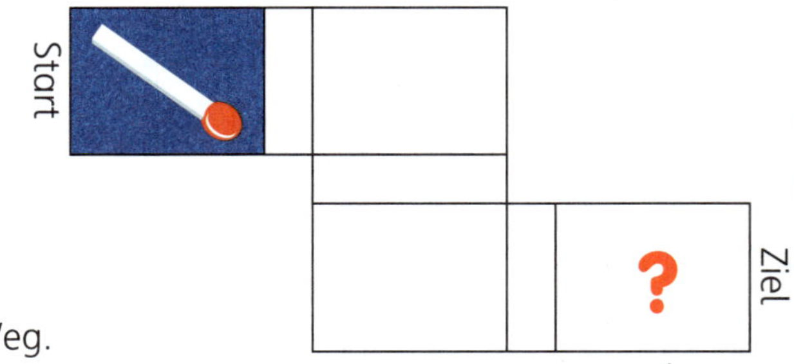

Welche Fläche liegt am Ziel oben? Beschreibe den Weg.

2 Welche Schachtel liegt am Ziel oben?

a)

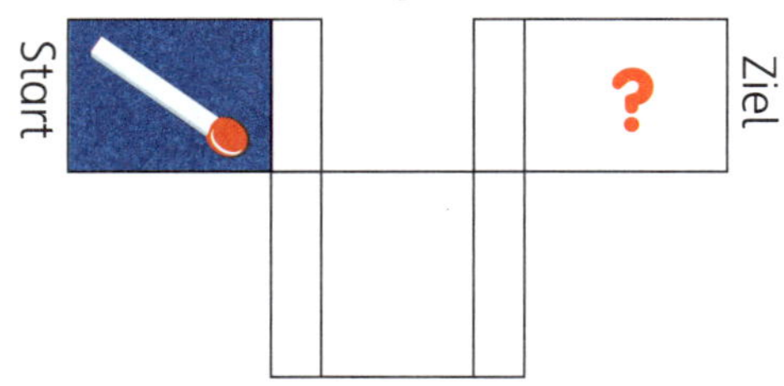

b)

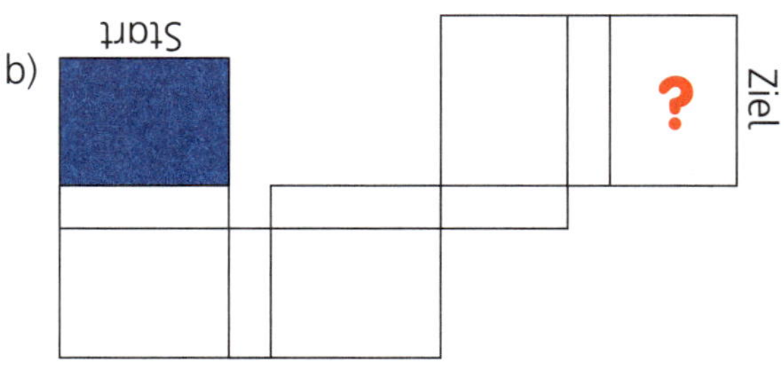

c)

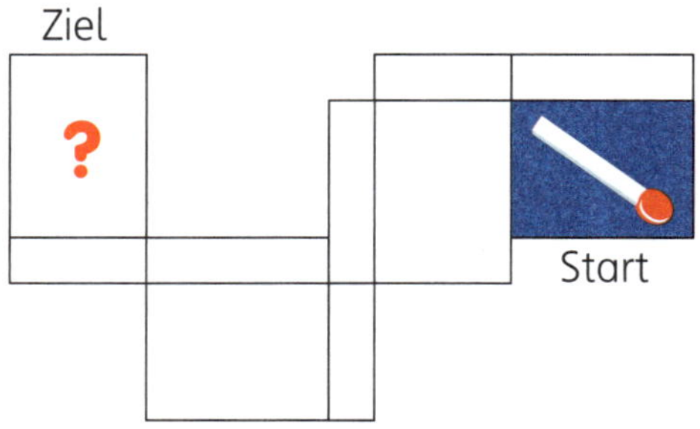

d)

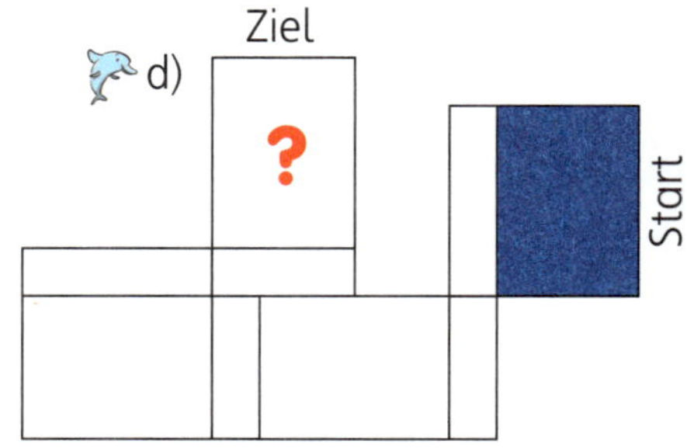

3 Wie kommst du durch Kippen der Schachtel vom Start zum Ziel? Zeichne.

a)

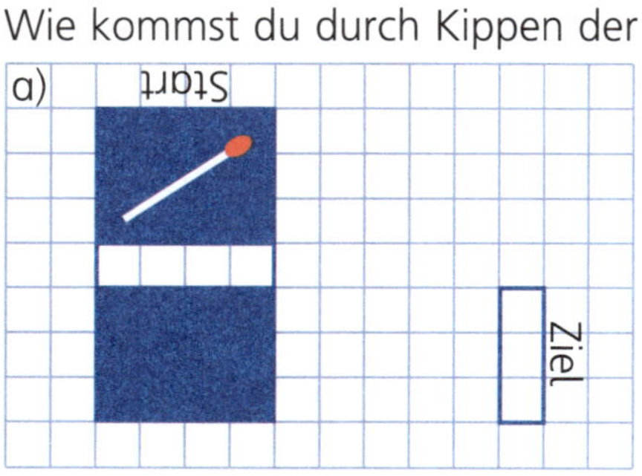

b)

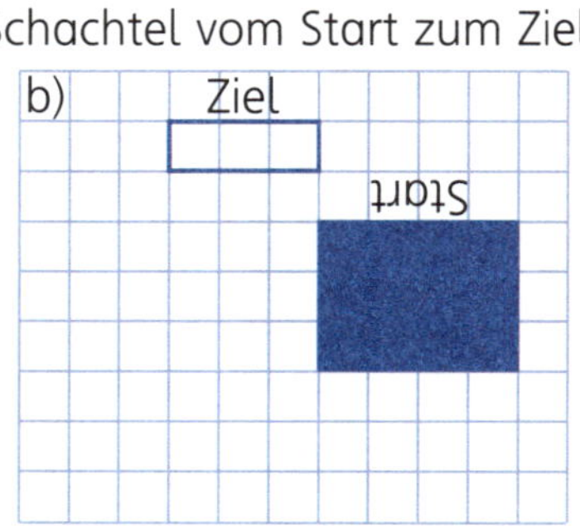

c)

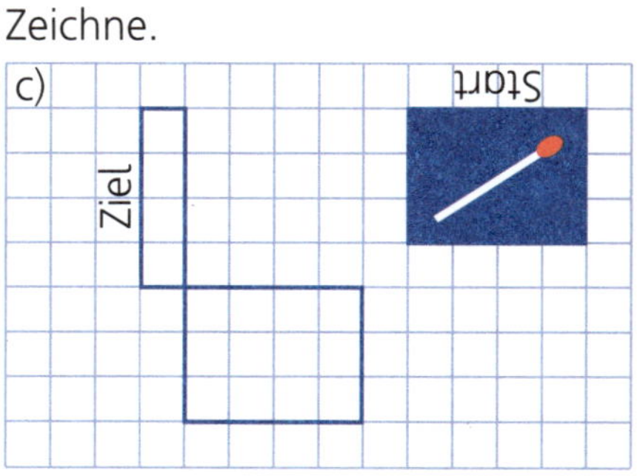

d)

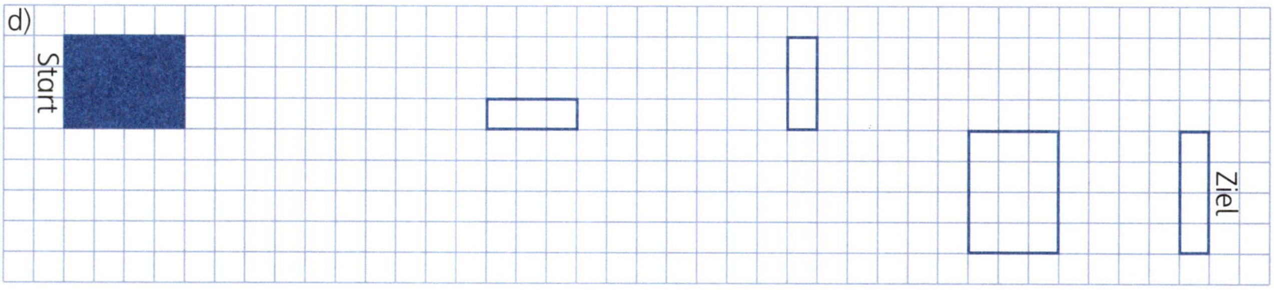

W

4 a)

b)

Kopfgeometrie. **3** Auf Karopapier übertragen. Kippfolgen zeichnen und mit einer Schachtel prüfen.

1 

Mit diesen Plättchen könnt ihr Schrägbilder zu Würfelgebäuden legen. Probiert aus.

2 Baut mit Holzwürfeln. Legt die Figuren mit Plättchen in einem Punktgitter nach.

A

B

C

D

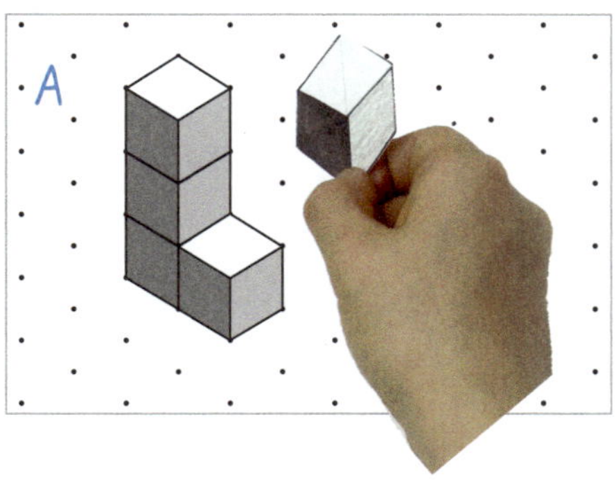

E

F

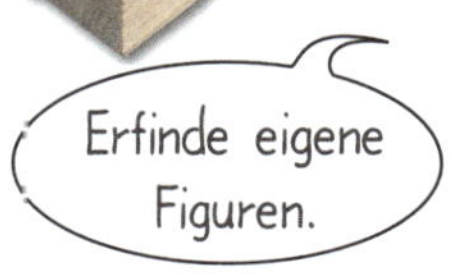

3 Lege und zeichne im Punktgitter.

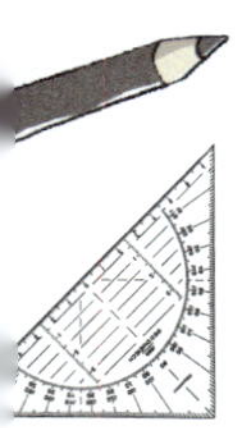

a)

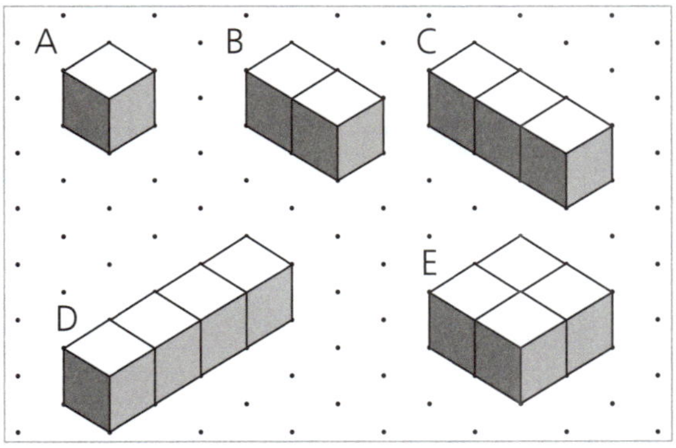

b)

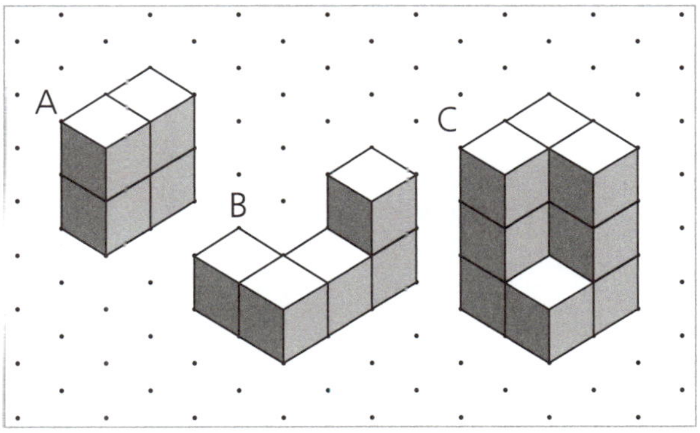

4 Lege und zeichne. Setze das Muster fort.

a)

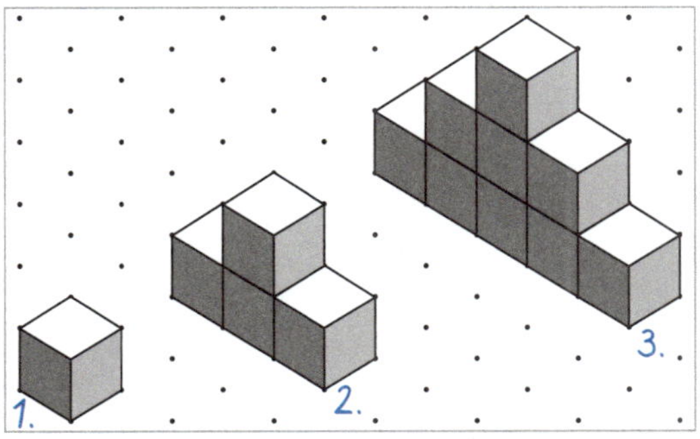

b)

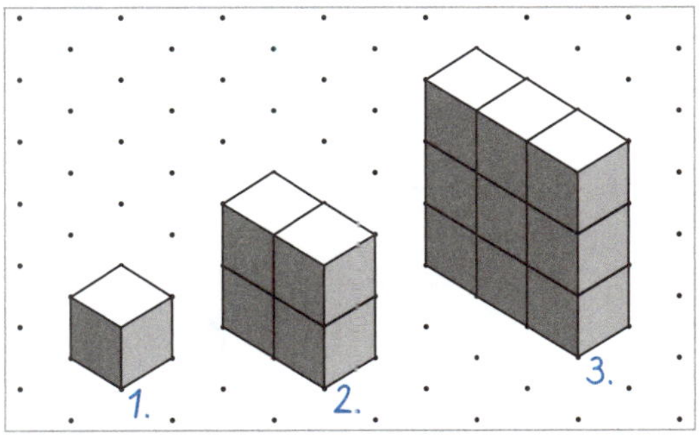

c) Wie viele Plättchen würdest du jeweils für die 20. Figur benötigen?

Der Soma-Würfel

1

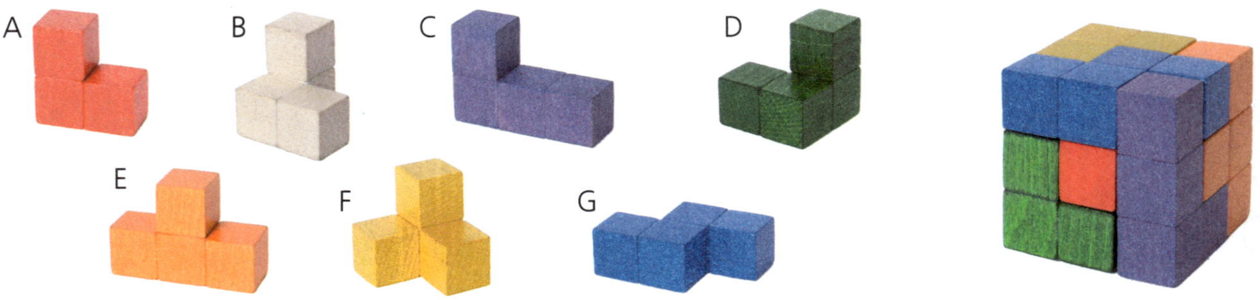

Diese sieben Teile lassen sich zu einem Soma-Würfel zusammenbauen.
Beschreibe die Soma-Teile.

2 Welche zwei Soma-Teile sind hier jeweils zusammengesetzt?

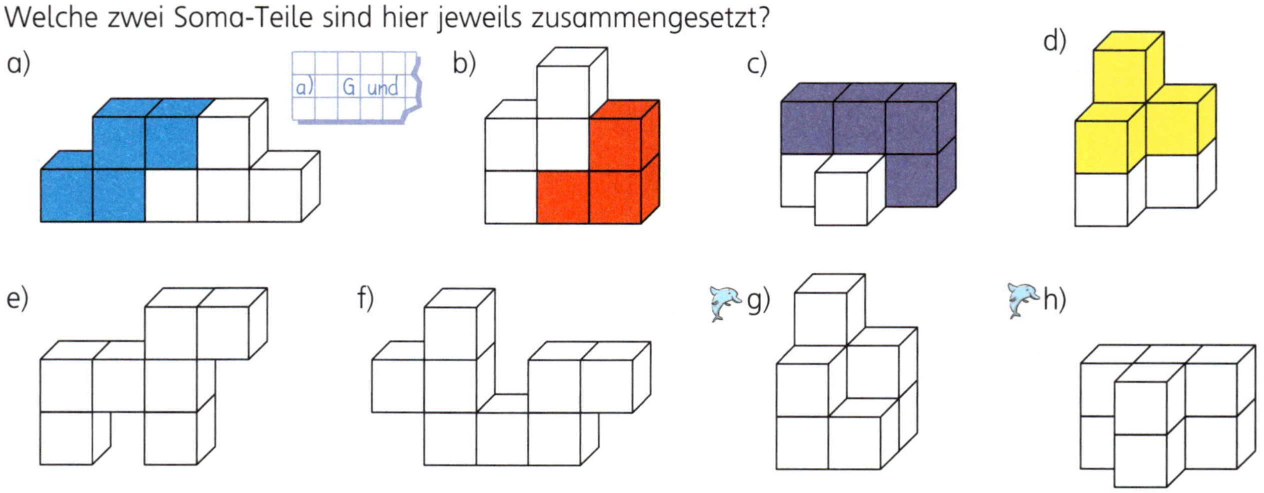

3 Aus welchen Soma-Teilen sind die Figuren zusammengesetzt?

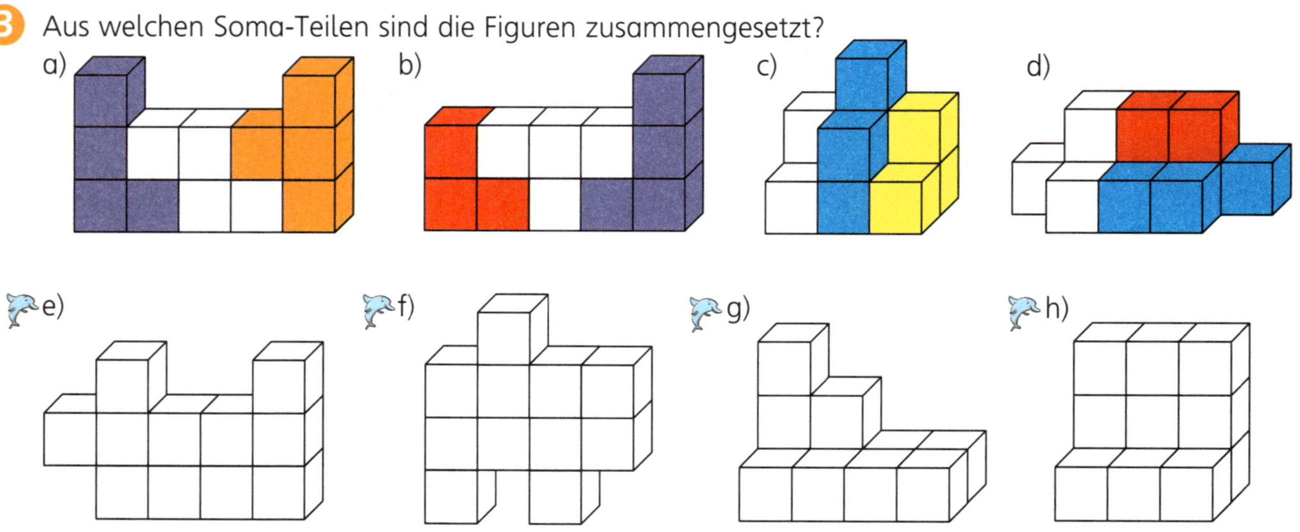

4 Du kannst auch mit allen sieben Soma-Teilen bauen.

zum Knobeln

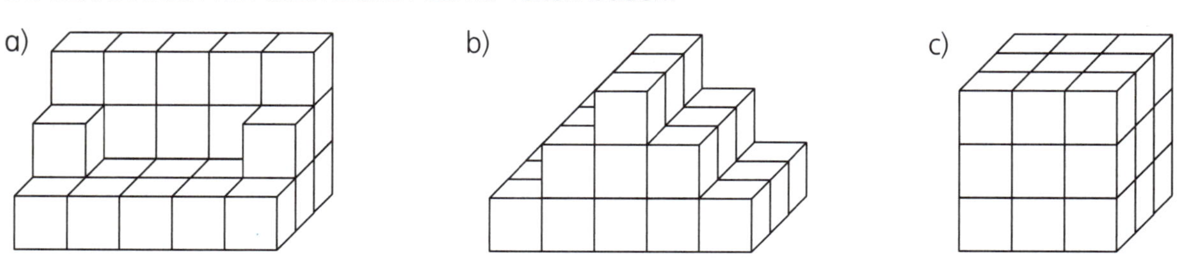

1 Evtl. Soma-Teile aus Holzwürfeln zusammenkleben. Freies Bauen mit Soma-Teilen.
2 und **3** Kopfgeometrie. Kopiervorlage nutzen. **3** f) bis h) Mehrere Möglichkeiten.

Kann das stimmen?

Kann das stimmen?

1

„Meine Zahl ist eine Siebziger- und zugleich eine Neunzigerzahl." Okan

„Wenn ich zwei Quadratzahlen multipliziere, erhalte ich wieder eine Quadratzahl." Kevin

„Ich multipliziere 25 mit 75 und mit einer dritten Zahl. Das Ergebnis ist null." Kathi

„Die Zahl 6 840 021 ist durch zwei teilbar." Leonie

„Alle Fünferzahlen sind ungerade Zahlen." Laura

„Wenn ich eine Zahl immer wieder verdoppele, erhalte ich nie eine ungerade Zahl." Florian

2

Meike behauptet: „Ich bekomme jede Woche 2 € Taschengeld. Das sind im Jahr mehr als 200 €."

Alina sagt: „Jeden Tag trinken 78 Kinder $\frac{1}{4}$ Liter Milch. Das sind fast 100 Liter in der Woche."

Julian behauptet: „Mein Papa hat im letzten Jahr 13 Monate gearbeitet. Deshalb konnten wir nicht in den Urlaub fahren."

Jan erinnert sich: „Im letzten Jahr hatten wir am 30. Februar unsere Lesenacht."

Steven berichtet: „Ich bin genau vor 10 Jahren um 00:59 Uhr auf die Welt gekommen."

Felix sagt: „Unsere fünfköpfige Familie wiegt zusammen 1 Tonne."

3

„Ich kann ein Viereck mit fünf rechten Winkeln zeichnen." Martin

„Der Körper hat vier Dreiecke und ein Quadrat." Laura

„Mein Dreieck hat zwei parallele Seiten." Cora

„Ein Rechteck hat mindestens zwei Spiegelachsen." Denise

„Ich kann ein Rechteck in drei gleich große Quadrate zerlegen." Melanie

„Der Durchmesser eines Kreises ist halb so groß wie sein Radius." Tobias

W

4 Multipliziere schriftlich.

a) 4,17 € 8,06 € 25,34 € | 30 65

b) 9,55 € 82,63 € 0,75 € | 86 125

5 Dividiere im Kopf. Achte auf Zusammenhänge.

a) 17,28 € 84,80 € 40,48 € | 4 8

b) 37,35 € 6,57 € 153,90 € | 3 9

6 Rechne erst den Überschlag. Addiere und subtrahiere schriftlich.

a) 14,61 € + 45,08 €
76,13 € + 24 €
38,50 € + 51 €

b) 436,15 € + 10 €
190,90 € + 24,63 €
35 € + 3,47 €

c) 281,75 € + 33 € + 86 ct
49,25 € + 17 € + 25 ct
107,51 € + 0,76 € + 92 ct

d) 155,19 € − 32,65 €
264,83 € − 123,12 €
327,85 € − 190,79 €

e) 105 € − 18,68 €
625 € − 79,27 €
1000 € − 286,34 €

f) 342,07 € − 222,85 € − 17 ct
683,42 € − 126,75 € − 51 ct
409,50 € − 86 € − 86 ct

1 bis **3** Partnerarbeit: Zunächst ohne genaues Ausrechnen überlegen und abschätzen, ob die jeweilige Aussage stimmen kann. Entscheidungen evtl. mit Beispielen begründen.
1 Zwei Aussagen können nicht stimmen. **2** Vier Aussagen können nicht stimmen. **3** Drei Aussagen können nicht stimmen.

Milliliter und Liter

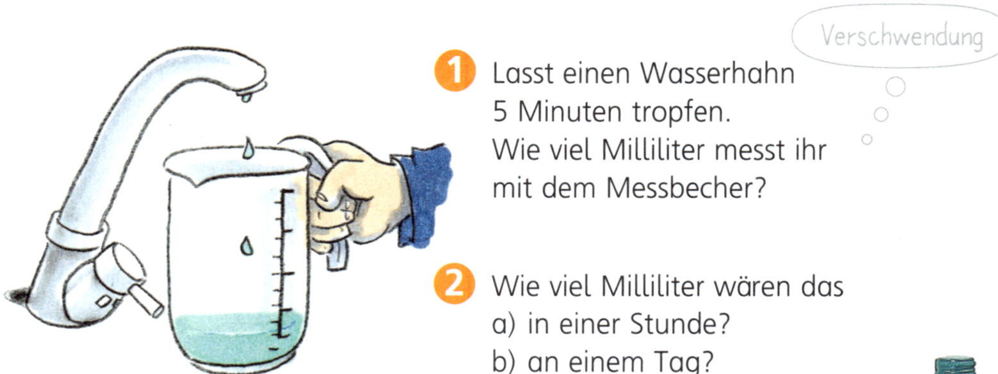

1 Lasst einen Wasserhahn 5 Minuten tropfen. Wie viel Milliliter messt ihr mit dem Messbecher?

ein Liter

1 000 ml = 1 l

2 Wie viel Milliliter wären das
a) in einer Stunde?
b) an einem Tag?

3 Wie viel Milliliter passen in die verschiedenen Gefäße?
a) Schätzt. b) Prüft mit dem Messbecher.

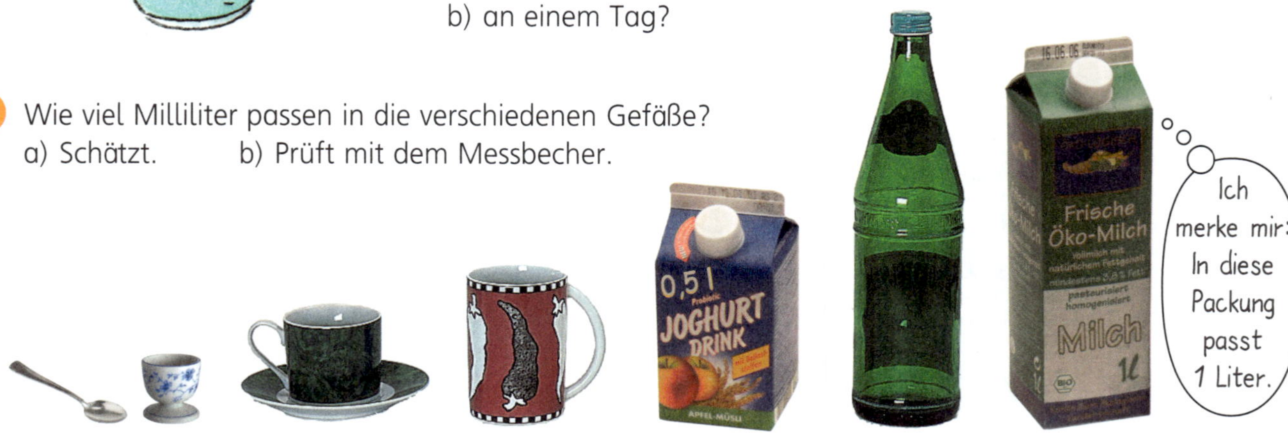

4 Sammelt Flaschen und Behälter. Ordnet sie nach der ml-Angabe. Messt nach.

5 Oft braucht man weniger als einen Liter.

1 l = 1 000 ml	$\frac{1}{2}$ l = 500 ml	$\frac{1}{4}$ l = 250 ml	$\frac{1}{8}$ l = 125 ml
1 000 ml = 1,0 l	500 ml = 0,5 l	___ ml = ___ l	___ ml = ___ l

6 Rechne um.

Liter	1	3	5	$1\frac{1}{2}$	8	7	6	12	2,5	$10\frac{1}{2}$	$\frac{1}{4}$	3,250	$1\frac{3}{4}$	2,750
Milliliter														

7 Wie viel Liter Kakao trinken die Kinder in der Schule?

In deiner Schule.

Flaschen	1	2	4	8	6	12	5	10	15	20	25	30	
Milliliter ml	250												
Liter l	$\frac{1}{4}$	0,5											

W

8 a) 1 200 – 2 400 – 3 600 – : – 30 – 600 – 3   b) 1 400 – 14 000 – 140 – : – 20 – 7

1, **2** Diff.: Die Ergebnisse auch in Liter angeben, evtl. auch in Anzahl von 10-Liter-Eimern.
3 Die Milchtüte als realistische Bezugsgröße für 1 l einprägen.
5 bis **7** Bruch- und Kommaschreibweise. **5** Zusammenhänge thematisieren.

Wasserverbrauch

1

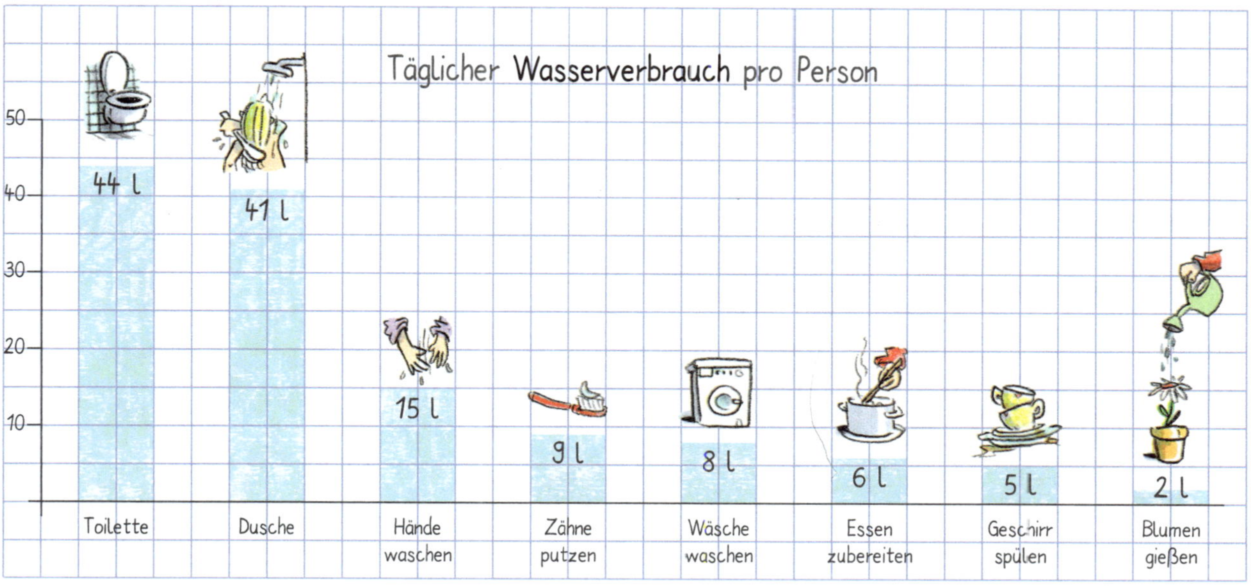

a) Wie hoch ist ungefähr der Wasserverbrauch einer Person im Jahr?

b) Berechne den Verbrauch für deine Familie im Jahr.

2 a) Frau Plöger hat mit ihren beiden Kindern im Jahr 177 000 l Wasser verbraucht. Wie viel Liter sind das für eine Person im Jahr?

b) Für 1 000 l muss Frau Plöger 1,40 € bezahlen. Wie hoch ist die Jahresrechnung?

3

Tim putzt seine Zähne täglich dreimal je 2 Minuten. Während dieser Zeit lässt er das Wasser laufen. Berechne die Wassermenge im Jahr.

Wie kann Tim sparen?

4

Kirsten duscht jeden Tag 5 Minuten. Wie viel Wasser verbraucht sie im Jahr?

Wie kann Kirsten sparen?

Wie lange duschst du?

5 Wasserverbrauch in der Martinschule.

Monat	Jan.	Feb.	März	April	Mai	Juni	Juli	August	Sept.	Okt.	Nov.	Dez.
Liter	64 000	77 000	81 000	31 000	80 000	75 000	51 000	11 000	77 000	42 000	82 000	69 000

Zeichnet ein Schaubild. Vergleicht. Was fällt euch auf?

W

6 a) 250 125 750 | 20 40 800   b) 1250 3500 1500 | 30 60

1 b) Die Zahlen aus dem Schaubild oder die Ergebnisse an der häuslichen Wasseruhr nutzen.
2 b) Auch den örtlichen Wasserpreis erkunden.
5 Mit dem Wasserverbrauch der eigenen Schule vergleichen. Die Wasseruhr an der Schule ablesen.

Rauminhalt

1 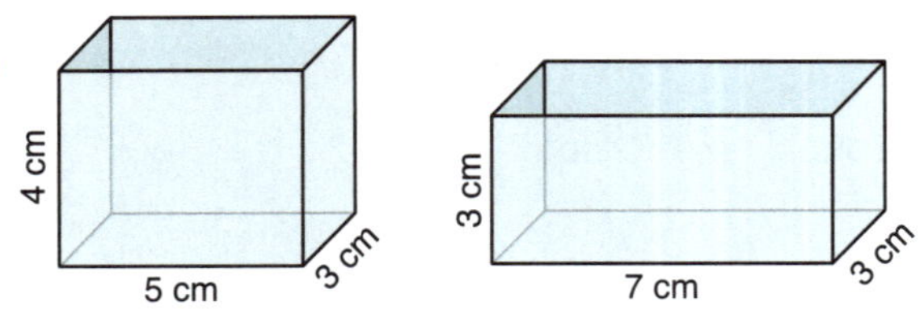

In welchen Behälter passt mehr? Vermutet. Überlegt, wie ihr die Vermutungen überprüfen könnt.

2 Der **Rauminhalt** kann mit Maßwürfeln gemessen werden. Dazu wird der Quader mit einheitlichen Würfeln gefüllt.

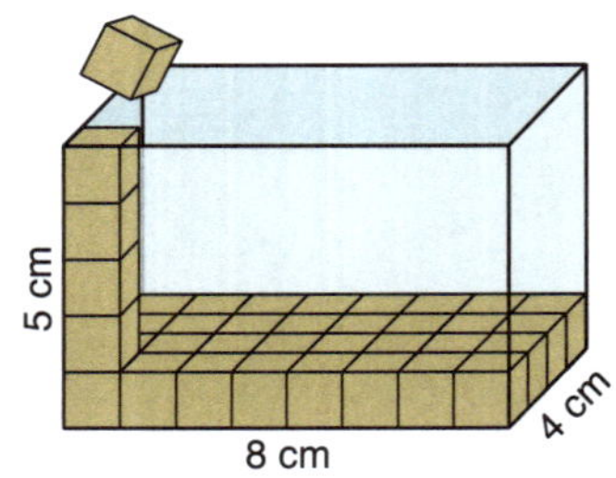

8 · 4 Würfel
8 · 4 Würfel
8 · 4 Würfel
8 · 4 Würfel
8 · 4 Würfel

5 · 8 · 4 Würfel = ______

5 Schichten

3 Berechne den Rauminhalt dieser Schachteln. Wie viele **Zentimeterwürfel** passen hinein?

a) 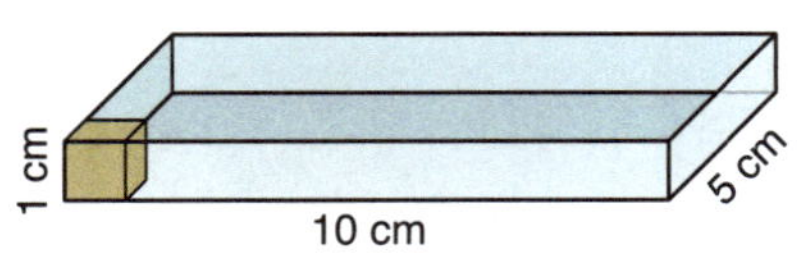

b) 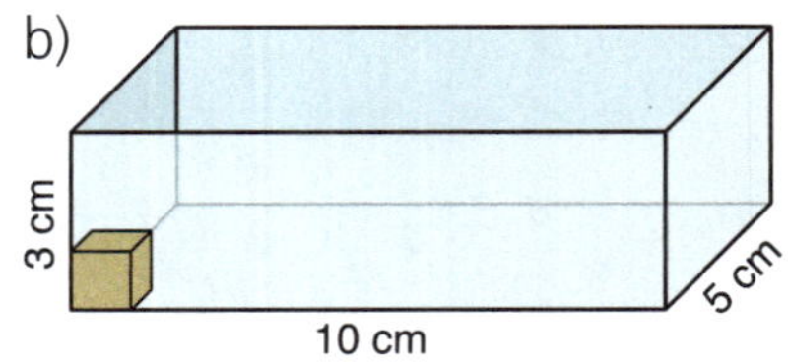

c) 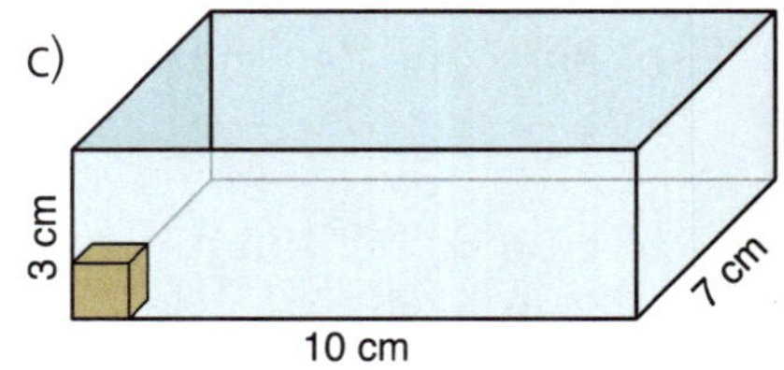

d) 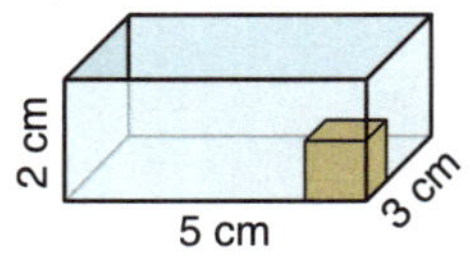

e) 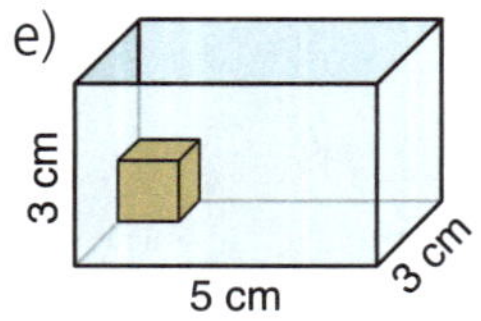

f) 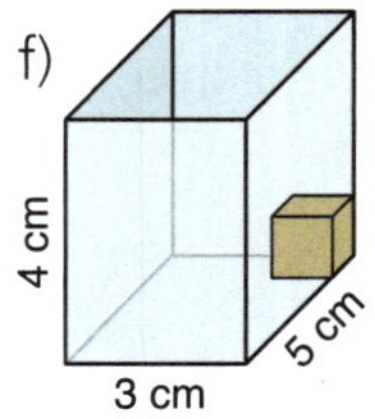

g) 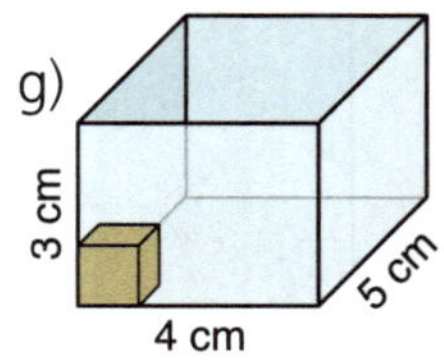

4 a) Sina hat eine Schachtel, in die 48 Zentimeterwürfel passen. Wie lang, breit und hoch könnte die Schachtel sein?
b) Gibt es auch eine Schachtel, deren Rauminhalt 1 Zentimeterwürfel größer ist?

Der gleiche Rauminhalt

1 Zentimeterwürfel

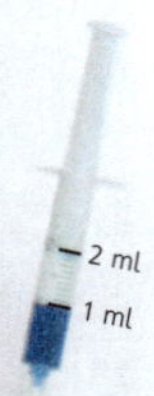

1 Tausendstel Liter

Der gleiche Rauminhalt

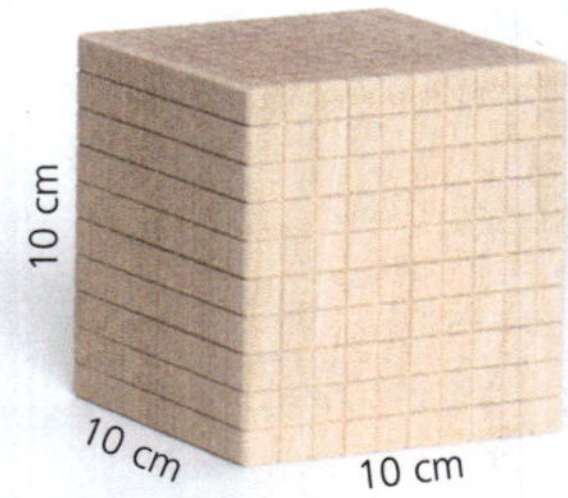

1000 Zentimeterwürfel

1000 Milliliter

5

1 l	500 ml	900 ml	950 ml	200 ml	240 ml	600 ml	630 ml	$\frac{1}{2}$ l	$\frac{1}{4}$ l	$\frac{1}{8}$ l	$\frac{3}{4}$ l
	ml							ml			

1 Z.B. Wasser oder Sand umschütten. **5** Zu 1 Liter ergänzen.

Kombinationen

1

Jeder Dominostein besteht aus zwei Hälften mit den Augenzahlen zwischen Null und Sechs.

Wie viele verschiedene Steine gibt es mit diesen Kombinationen?

a) mit 6 

b) mit 5 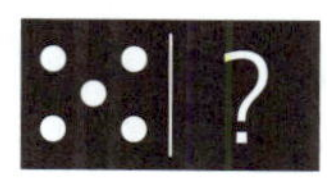

2 Marie und Lisa wollen Domino spielen. Sie haben 25 Steine.
Ist das Spiel vollständig? Berücksichtige, dass jede Kombination genau einmal vorkommt.

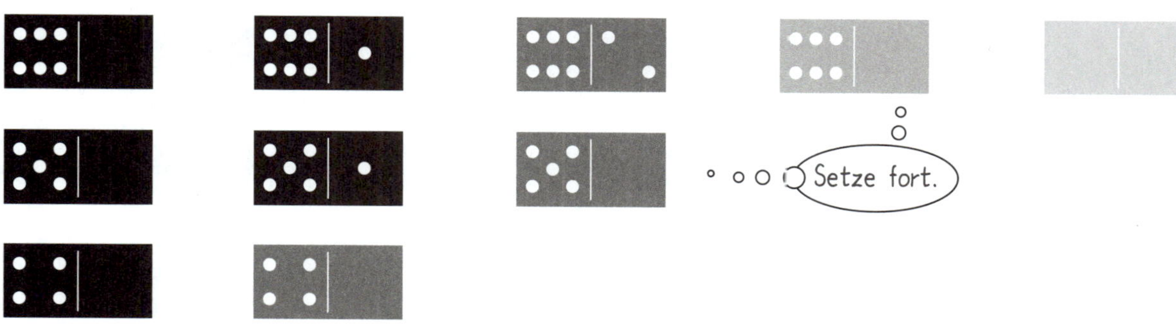

3 Wie viele Kombinationen gibt es mit dieser Augensumme? Zeichne.

a) 6 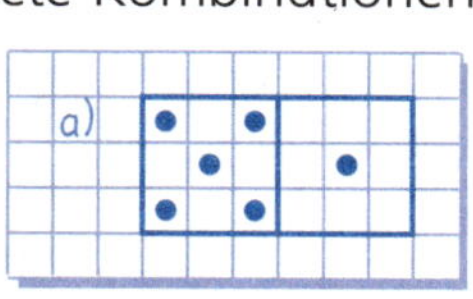

b) 8 c) 3 d) 10 e) 7 f) 4

4

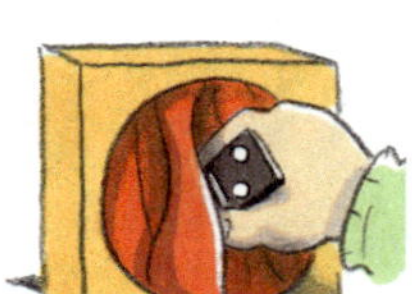

Stell dir vor, alle Dominosteine liegen in einer Fühlkiste.
Du ziehst einen Stein heraus. Ist es wahrscheinlicher, einen Stein mit der Augensumme 6 zu ziehen oder einen Stein mit der Augensumme 3? Begründe.

5 Knobeln

Zu einer der Zahlenmauern gibt es nur eine Lösung. Begründe.
Zu zwei Zahlenmauern gibt es keine Lösung. Warum nicht?

a) 

b) 

c) 

d) 

e) 

f) 

g) 

h) 

1 und 2 Systematisch probieren. Beachten, dass z. B. die Kombinationen und nur einmal gezählt werden.

Teiler-Rennen

Jeder entscheidet sich für eine dieser Spielfiguren.

- Reihum würfeln.
- Du darfst nur vorsetzen, wenn die Zahl deiner Spielfigur Teiler der Zahl auf dem erreichten Feld ist.
- Etappensieger: Wer zuerst über das Feld 990 kommt.
- Gesamtsieger: Wer zuerst das Feld 7 200 erreicht.

Dividieren durch Zehnerzahlen

1 a) 1 356 : 4

Ü: 1 200 : 4 = ____

Tim:
1 3 5 6 : 4 =
1 2 0 0 : 4 =
1 2 0 : 4 =
3 6 : 4 =

Julia:

T	H	Z	E					T	H	Z	E
1	3	5	6	:	4	=			3		
1	2										
	1	5									

b) 13 560 : 40

Ü: 12 000 : 40 = ____

Tim:
1 3 5 6 0 : 4 0 =
1 2 0 0 0 : 4 0 =
1 2 0 0 : 4 0 =
3 6 0 : 4 0 =

Julia:

ZT	T	H	Z	E					ZT	T	H	Z	E
1	3	5	6	0	:	4	0	=			3		
1	2	0											
	1	5	6										

Rechne und vergleiche. Was fällt dir auf?

2 Dividiere halbschriftlich oder schriftlich.

a)	b)	c)	d)	e)
48 640 : 20	7 740 : 30	24 420 : 20	62 500 : 20	222 200 : 100
24 320 : 40	7 740 : 60	48 840 : 40	125 000 : 40	222 200 : 50
12 160 : 80	7 740 : 9	97 680 : 8	250 000 : 4	222 200 : 20
6 080 : 80	7 740 : 90	97 680 : 80	500 000 : 80	222 200 : 40

3 Überschlage erst. Dividiere und prüfe mit dem Taschenrechner.

a)	b)	c)	d)	e)
7 380 : 2	51 030 : 90	566 400 : 80	99 100 : 10	197 520 : 40
73 800 : 20	34 020 : 60	28 320 : 4	49 550 : 5	197 520 : 60
295 200 : 80	3 402 : 6	141 600 : 20	495 500 : 50	444 420 : 90
29 520 : 40	68 040 : 30	14 160 : 40	4 955 : 5	444 420 : 60
59 040 : 80	34 020 : 90	56 640 : 40	99 100 : 50	444 400 : 80

4

Diese große Buche erzeugt pro Stunde etwa 8 250 Liter Sauerstoff.
Eine Person verbraucht in einer Stunde etwa 30 Liter Sauerstoff.

Für wie viele Menschen reicht diese Menge Sauerstoff?

5

Dividiert durch Zehnerzahlen.

300 : 30 3 000 : 30 400 : 80 4 000 80

4 Eigene Fragen stellen und zum Rechnen weitergeben.

Dividieren durch zweistellige Zahlen

1 Setze die Reihen aus dem großen Einmaleins fort.

a)
1 · 12 = 12
2 · 12 = 24
3 · 12 =
4 · 12 =
5 · 12 = 60
6 · 12 =

b)
1 · 50 =
2 · 50 =
3 · 50 =
4 · 50 =
5 · 50 =

c)
1 · 25 =
2 · 25 =
3 · 25 =
4 · 25 =
5 · 25 = 125

d)
1 · 30 =
2 · 30 = 60
3 · 30 =
4 · 30 =
5 · 30 =

e)
1 · 15 =
2 · 15 =
3 · 15 =
4 · 15 =
5 · 15 = 75

2 Dividiere halbschriftlich oder schriftlich. Nutze die Einmaleinsreihen.

672 : 12

672 : 12 =
600 : 12 = 50
72 : 12 = 6
672 : 12 = 56

672 : 12 = 56
60
72
72
0

a) 168 : 12
216 : 12
348 : 12
660 : 12
804 : 12

b) 14 808 : 12
28 140 : 12
41 472 : 12
54 804 : 12
68 136 : 12

Kontrolliere mit dem Taschenrechner.

3 starke Päckchen ?

a)	b)	c)	d)	e)
9750 : 50	2250 : 25	6750 : 30	23 670 : 15	38 520 : 12
9750 : 25	22 500 : 50	6750 : 15	23 670 : 30	38 520 : 24
1950 : 50	4500 : 50	16 650 : 30	351 750 : 15	118 512 : 12
1950 : 25	4500 : 25	16 650 : 15	351 750 : 30	118 512 : 24
11 250 : 50	75 350 : 25	19 980 : 30	74 430 : 30	7848 : 12
11 250 : 25	75 350 : 50	19 980 : 15	74 430 : 15	7848 : 24

Kontrolliere mit dem Taschenrechner.

4 a) 19 320 93 240 344 400 : 30 15 b) 732 600 72 600 73 800 : 25 12

Kontrolliere mit dem Taschenrechner.

5

So viele Kinder waren im Jahr 2005 in den Grundschulen.

- Schleswig-Holstein 118 127
- Niedersachsen 346 296
- Hamburg 53 772
- Bremen 24 318
- Hessen 243 051
- Nordrhein-Westfalen 768 123
- Rheinland-Pfalz 170 691
- Saarland 39 614

Wie viele Klassen wären das ungefähr
a) bei 30 Kindern pro Klasse? b) bei 20 Kindern pro Klasse? c) bei 25 Kindern pro Klasse?

Vergleicht mit eurer Schule.

1 0 | 10 | 20 | 30 | 40 | 50 | 60 | 70 | 80 | 90 | 100

a) Welche dieser Zahlen passen?

A	70 · 200 < 15 000	B	___ · 300 < 30 000	C	___ · 600 < 50 000
D	___ · 400 > 39 000	E	___ · 800 > 55 000	F	___ · 90 > 1 200

b) Erkläre, wie du die Lösungszahlen gefunden hast.

c) Findest du jeweils noch eine andere Zahl, die passt?

2 Setze <, = oder > ein.

a)	b)	c)	d)
3 · 900 ◯ 4 500	20 · 80 ◯ 3 000	2 500 : 5 ◯ 600	3 600 : 6 ◯ 500
4 · 900 ◯ 4 500	40 · 50 ◯ 3 000	3 000 : 60 ◯ 600	7 200 : 60 ◯ 500
5 · 900 ◯ 4 500	60 · 30 ◯ 3 000	420 000 : 7 000 ◯ 600	72 000 : 80 ◯ 100
6 · 900 ◯ 4 500	70 · 80 ◯ 3 000	7 200 : 80 ◯ 600	7 200 : 40 ◯ 100
7 · 900 ◯ 4 500	90 · 30 ◯ 3 000	48 000 : 60 ◯ 600	14 400 : 60 ◯ 300

3 Welche Rechenzeichen passen?

a)	b)	c)
900 ◯ 100 < 900	500 ◯ 1 = 500	250 ◯ 40 = 5 000 ◯ 2
900 ◯ 90 > 900	500 ◯ 5 < 500	50 ◯ 80 > 4 000 ◯ 1
900 ◯ 6 < 900	500 ◯ 10 > 500	3 500 ◯ 7 < 250 ◯ 5
900 ◯ 1 = 900	500 ◯ 0 < 500	10 000 ◯ 50 = 50 ◯ 4

4 Eine Lösung, keine Lösung, mehrere Lösungen?

a)	b)	c)	d)
20 + ___ · 50 < 150	80 + ___ · 30 > 350	100 + ___ · 4 = 180	90 + ___ · 6 = 172
20 + ___ · 50 = 150	80 + ___ · 30 < 120	200 + ___ · 4 > 180	90 + ___ · 60 < 172
40 + ___ · 50 > 150	160 + ___ · 30 = 120	20 + ___ · 4 = 180	70 + ___ · 80 > 500
40 + ___ · 50 < 150	160 + ___ · 30 = 220	80 + ___ · 4 > 180	70 + ___ · 4 < 300

5 Zahlenrätsel.

a)

a) ☐ —· 40→ ☐ —: 100→ 200
Thilo

a) 200 · 100 = 20 000
20 000 : 40 =
Lea

b)

c)

d)

e)

1 und **3** Meist mehrere Lösungen.

Zeit – die letzten 2000 Jahre, das Sekundenpendel

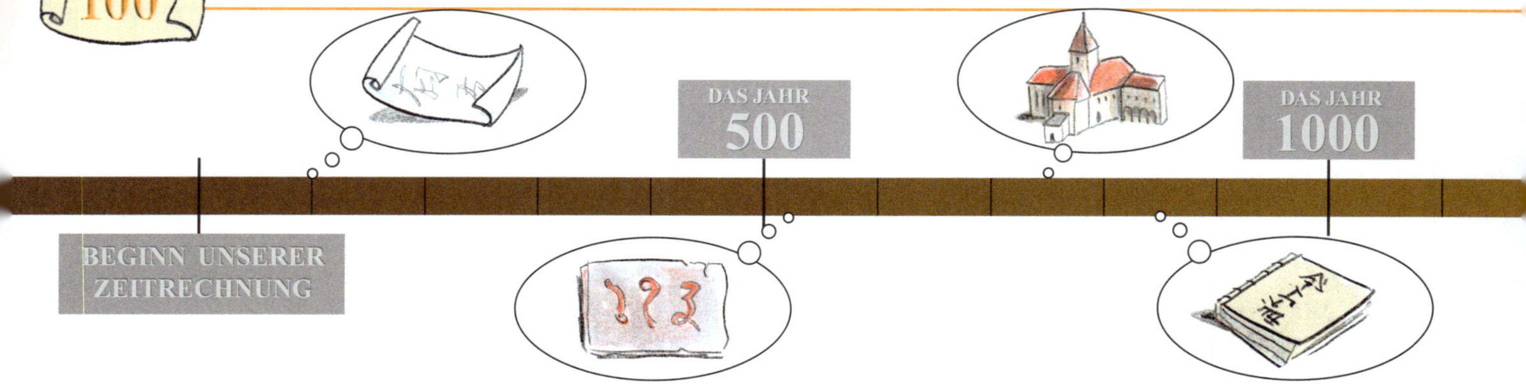

1 In welchem Jahr war es ungefähr?

a) In China wird das erste Buch gedruckt.
b) Der erste Nachrichtensatellit umkreist die Erde.
c) In Indien werden Ziffern geschrieben, die unseren heutigen schon sehr ähnlich sehen.
d) In China wird Papier erfunden.
e) Die Fußball-Weltmeisterschaft findet zum zweiten Mal in Deutschland statt.
f) König Friedrich Wilhelm III. verkündet im Rheinland die Schulpflicht.
g) In Berlin werden die ersten Fernsehsendungen empfangen.
h) In Fulda wird die erste Schule in Deutschland gegründet.
i) In Mainz druckt Johannes Gutenberg zum ersten Mal mit einzelnen Buchstaben ein Buch.

2 Zeige an der oberen Zeitleiste, wann es ungefähr war.
a) Im Jahre 100 gründeten die Römer die Stadt Xanten.
b) Im Jahre 1000 entdeckten die Wikinger Amerika.
c) 1237 wurde Berlin zum ersten Mal schriftlich erwähnt.
d) 1492 entdeckte Columbus Amerika.
e) 1648 endete der 30-jährige Krieg (Westfälischer Frieden).
f) 1796 wurde zum ersten Mal geimpft (gegen Pocken).

3 Zeichne eine eigene Zeitleiste mit wichtigen Ereignissen im Leben deiner Familie.

4 In welchem Jahr war es ungefähr?

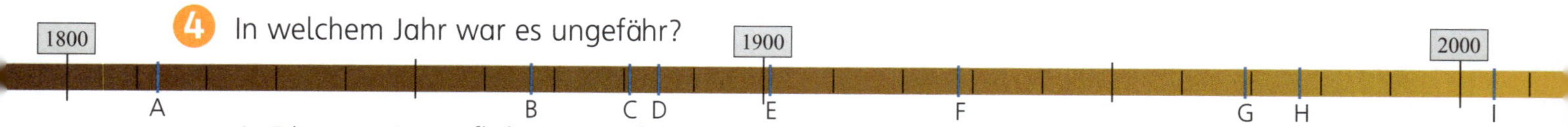

A Die erste Dampflokomotive fuhr.
B Das Fahrrad wurde erfunden.
C Die erste elektrische Straßenbahn nahm ihre Fahrt auf.
D Das erste Automobil wurde gebaut.
E Das erste Motorflugzeug flog.
F Die erste Autobahn wurde gebaut.
G Die erste Raumfähre landete auf dem Mond.
H Die letzte Dampflok der Bundesbahn ging in den Ruhestand.
I Der neue Airbus A 380 flog das erste Mal.

5 a) Wie viele Tage sind ungefähr seit der ersten Fernsehsendung vergangen.
b) Wie viele Monate sind ungefähr seit der Gründung der ersten deutschen Schule vergangen?
c) Stelle mit Hilfe der Zeitleiste selbst solche Fragen und gib sie zur Beantwortung weiter.

1 Weitere historische Ereignisse einordnen. Lexika und Internet als Quelle. **2** Das Bild zeigt Xanten zur Römerzeit. **3** Mögliche Fragen sammeln. Maßstab einer eigenen Zeitleiste besprechen.

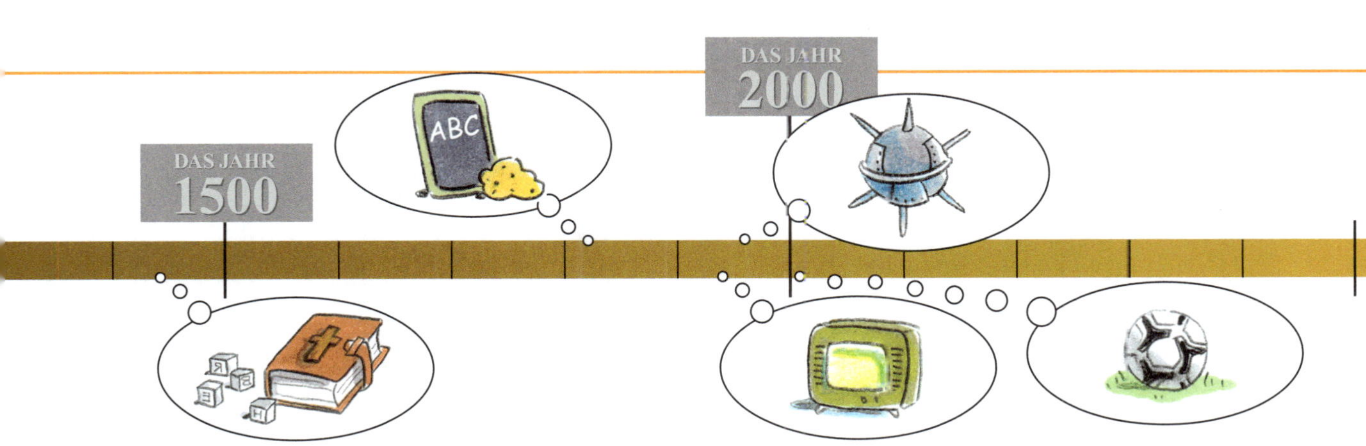

6

Galileo Galilei

1564 – 1642
Großer italienischer Naturforscher und Astronom.
Er erforschte auch die Pendelgesetze.

Das Pendel

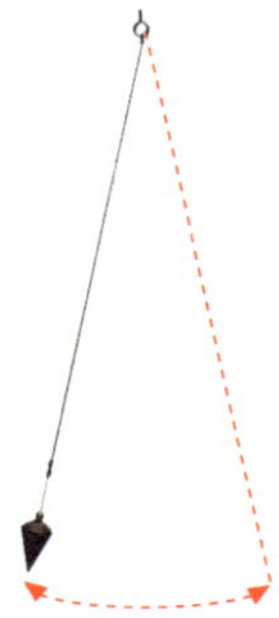

a) Zeigt in der Zeitleiste oben die Zeitspanne, in der Galileo Galilei ungefähr lebte.
b) Pendelgesetze könnt ihr selbst auch erforschen. Vermutet immer vor jedem Versuch, was passiert.

Baut zwei Pendel mit gleich langem Bindfaden und verschiedenen Gewichten. Lasst die Pendel schwingen und beobachtet.

Baut zwei Pendel mit verschieden langem Bindfaden. Vergleicht.

Baut ein Sekundenpendel. Von links nach rechts schwingt es in einer Sekunde.

Wie oft schwingen verschieden lange Pendel in einer Minute von einer Seite zur anderen? Legt eine Tabelle an.

Nehmt zwei gleich lange Pendel. Lasst das eine Pendel weiter schwingen, das andere weniger weit. Vergleicht.

7

60 Sekunden = 1 Minute
60 s = 1 min

a) Eine Stunde hat _____ Sekunden.
b) Ein Tag hat _____ Sekunden.
c) Eine Woche hat _____ Sekunden.
d) Setze fort, so weit du kannst.

8 Wie lang kommt dir eine Minute vor, wenn du
a) auf einem Bein stehst?
b) Fangen spielst?
c) einen Witz erzählst?
d) ein Buch auf dem Kopf jonglierst?
e) die Augen schließt?
f) still bist?

9

Zwei Knappen polieren die Rüstungen ihrer Ritter. Eines Tages sagt Alfried zu Bernulf: „Ich putze schneller als du. In zwei Minuten schaffe ich eine handtellergroße Fläche, du brauchst dafür drei Minuten. Ich lasse dir 10 Minuten Vorsprung und hole dich noch ganz schnell ein."
Wann wird Bernulf von Alfried tatsächlich eingeholt?

W

10 Entscheide bei jeder Aufgabe, ob du im Kopf oder schriftlich rechnest.

a)	b)	c)	d)	e)
1250 · 2	10 000 · 4	222 · 3	5000 · 200	8 000 · 3
2500 · 2	5 000 · 4	333 · 3	2500 · 400	8 000 · 33
3750 · 2	2 500 · 4	444 · 3	1250 · 800	8 000 · 330
5000 · 2	1 250 · 4	555 · 3	625 · 800	8 000 · 333

Sekunden und Minuten

1 Welche Uhr zeigt die genaue Zeit?

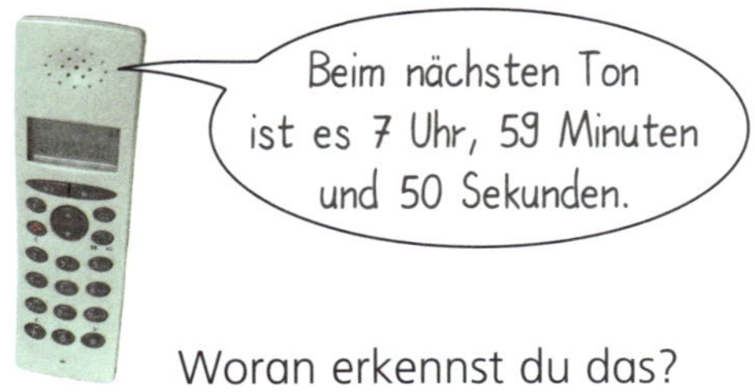

Woran erkennst du das?

2 Schreibe die genaue Zeit auf.

a) 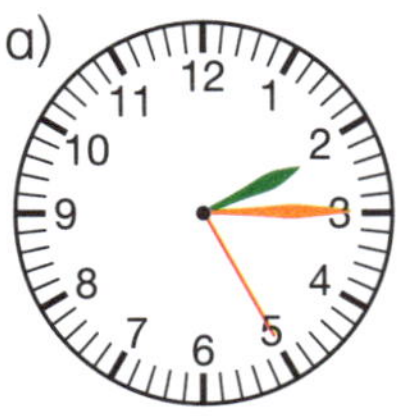

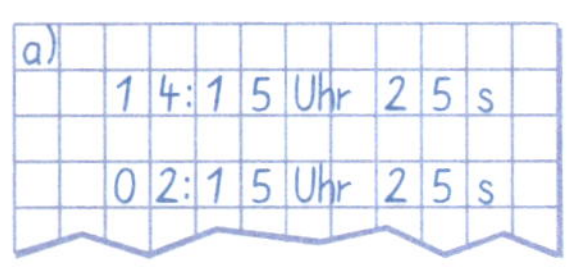

b) 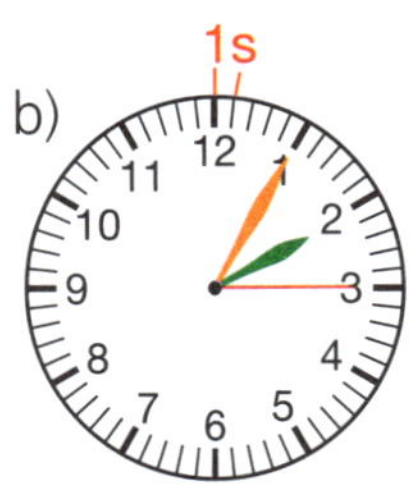

c) 

d) 

e) 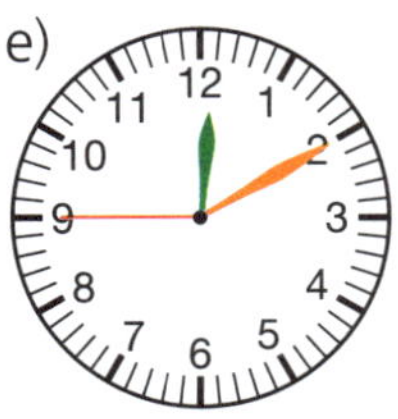

f) 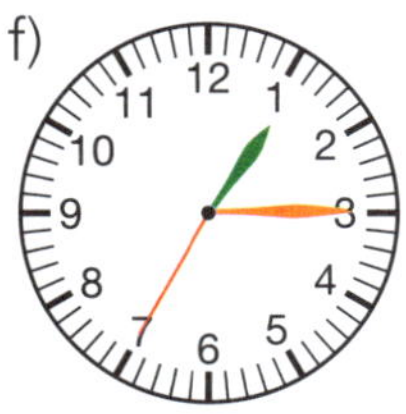

g) 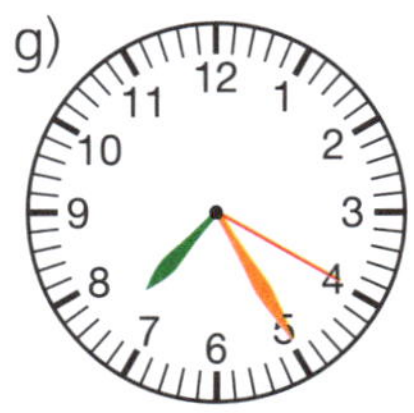

h) 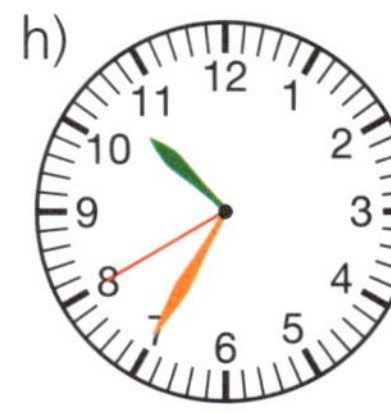

i) 

3 Wie viel Sekunden sind jeweils vergangen?

a) 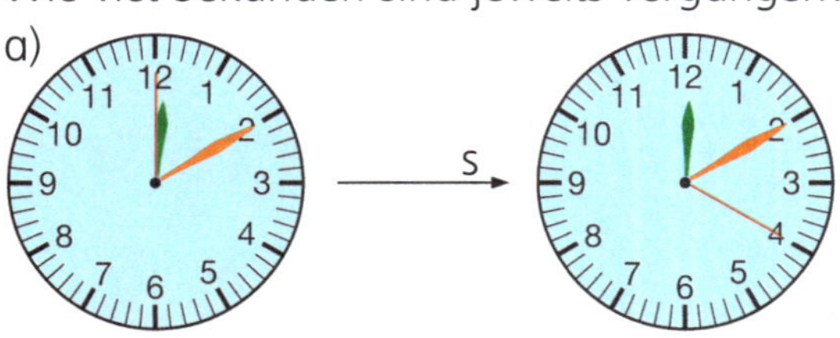

12:10 Uhr 0 s 12:10 Uhr 20 s

b) 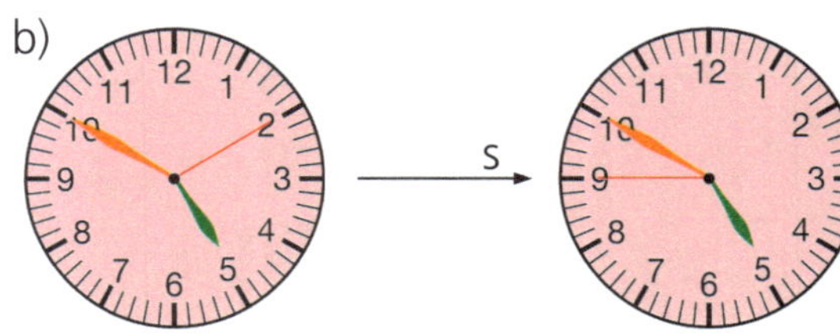

c) 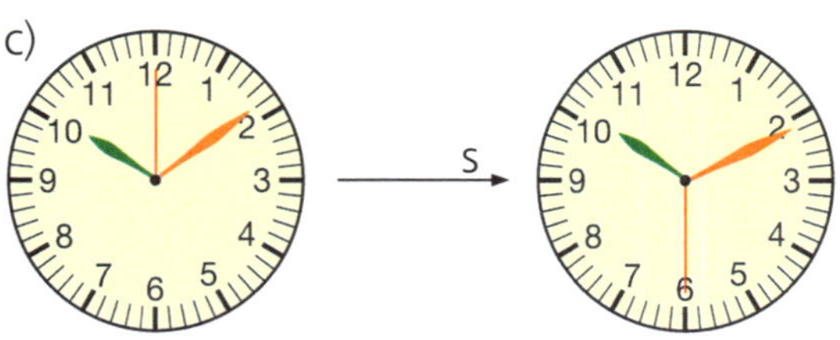

d) 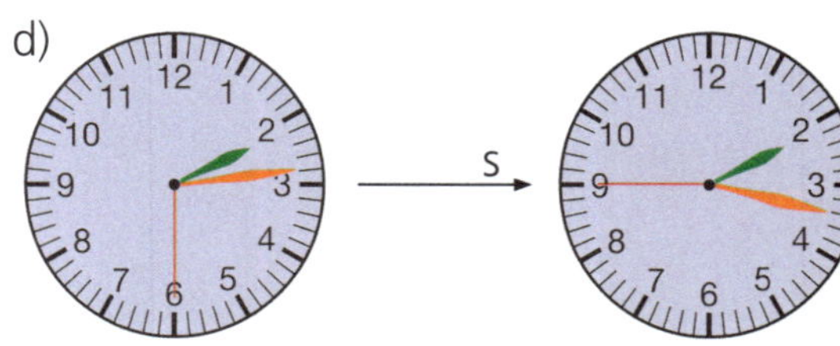

4 Wie spät ist es jeweils

a) eine halbe Stunde danach? b) 20 Sekunden später? c) 2 Minuten früher?

06:15 00	11:48 00	17:45 02	10:35 15
12:17 10	17:17 15	14:47 35	18:08 19
18:19 20	22:56 40	03:03 24	10:37 45

5

$\frac{1}{2}$ min = ___ s

$\frac{1}{4}$ min = ___ s

$\frac{3}{4}$ min = ___ s

Der Sekundenzeiger wandert in einer Minute einmal im Kreis.
Eine Minute hat ___ Sekunden.
Wie weit wandert der Minutenzeiger in dieser Zeit?

6 Rechne um in Sekunden.

a) 2 min, 2 min 30 s, 2 min 45 s
b) 5 min, 7 min, 7 min 15 s
c) 10 min, 10 min 45 s, 10 min 59 s
d) $3\frac{1}{4}$ min, $3\frac{1}{2}$ min, $3\frac{3}{4}$ min
e) $8\frac{1}{2}$ min, $2\frac{3}{4}$ min, $5\frac{1}{4}$ min
f) 15 min, 16 min, 16 min 30 s

7 Rechne um in Minuten und Sekunden.

a) 70 s, 90 s, 120 s

a) 70 s = 1 min 10 s

b) 100 s, 200 s, 300 s
c) 150 s, 180 s, 210 s
d) 600 s, 800 s, 1 000 s
e) 15 s, 150 s, 1 500 s
f) 30 s, 300 s, 3 000 s

8 Löse die Aufgaben der Kinder.

Wie viel Sekunden dauert die Fünf-Minuten-Pause? – Helge

Gestern war ich 7200 s im Spaßbad. Ab 14:00 Uhr war ich dort. – Kerstin

Wie viel Sekunden bin ich an meinem 10. Geburtstag alt? – Rita

Rechne um: 600 s, 6 000 s, 60 000 s – Jasmin

Wie viel Sekunden dauert eine Unterrichtsstunde? – Mario

Wie viel Sekunden hast du am Montag insgesamt Pause? – Ramona

Wie viel Sekunden dauert deine Lieblingssendung? – Timur

Ein Baby ist 360 000 s alt. Wie viel Tage ist es schon auf der Welt? – Maren

Erfinde auch eigene Aufgaben.

9 a) Eine Woche hat ___ Tage.
Ein Tag hat ___ Stunden.
Eine Woche hat ___ Stunden.

b) Eine Stunde hat ___ Minuten.
Eine Minute hat ___ Sekunden.
Eine Stunde hat ___ Sekunden.

c) Ein Jahr hat ___ Monate.
Ein Jahr hat ___ Wochen.
Ein Jahr hat ___ Tage.

d) Ein Jahr hat ___ Stunden.
Ein Jahr hat ___ Minuten.
Ein Jahr hat ___ Sekunden.

10 Rechne um in Minuten.

a) 1 h, 2 h, 5 h
b) 2 h 30 min, 3 h 20 min, 4 h 10 min
c) 1 h 57 min, 1 h 59 min, 1 h 61 min
d) $2\frac{1}{2}$ h, $3\frac{1}{4}$ h, $4\frac{3}{4}$ h
e) 2 Tage, 2 Wochen, 1 Woche 1 Tag

11 Zum Geburtstag hat Mirco drei Gäste eingeladen. Jannik kommt um 15:00 Uhr, Basti und Lukas 10 Minuten später. Um 18:27 Uhr wird Basti wieder abgeholt. Janniks Mutter kommt erst um Viertel vor sieben, Lukas geht 10 Minuten eher als Jannik.
Wer verbrachte die längste Zeit mit Mirco?

Knobeln – Probiere – Radiere

① Es ist gar nicht so einfach, Fahrpläne zu lesen. Was bedeuten die Zeichen und Begriffe?

② Wann fahren die Züge in Braunschweig ab und wann kommen sie am Zielort an?

a) nach Oldenburg   a) ab 07:51 Uhr
b) nach Bremen   an 10:24 Uhr
c) der Regionalexpress nach Bielefeld
d) der ICE 873 nach Frankfurt

③ Wann müssen sie spätestens abfahren?

a) Frau Maurer hat sich für 10:00 Uhr in Bielefeld verabredet.
b) Pia möchte um 11:00 Uhr in Oldenburg sein.
c) Herr Diez hat um 11:00 Uhr einen Termin in Hanau.
d) Bis 08:00 Uhr will Oma den Anschlusszug in Göttingen erreichen.

Abfahrt DB **Braunschweig Hbf**

Zeit	Zug	Richtung	Gleis
6.48	IC 2042 BordTreff, Fahrradabteil 1)	Peine 7.02 – Hannover Hbf 7.24 – Minden 8.10 Bielefeld Hbf 8.39 – **Dortmund Hbf 9.30** *nicht 25., 26. Dez, 1. Jan, 20., 21. Apr, 9. Jun, 5. Okt	6
6.59	ICE 593 BordRestaurant	Hildesheim Hbf 7.24 – Göttingen 7.55 – Kassel-Wilhelmshöhe 8.15 – Fulda 8.45 – Hanau Hbf 9.28 – Frankfurt Hbf 9.45 – Mannheim Hbf 10.28 – **Stuttgart Hbf 11.08** – Ulm Hbf 12.06 – Augsburg Hbf 12.47 – München Hbf 13.24	6
7.00			
7.11	IC 2043 BordTreff, Fahrradabteil	Magdeburg Hbf 7.57 Halle Hbf 8.56 – Leipzig Hbf 9.31 – **Dresden Hbf 10.48**	7
7.19	RE 24204 Fahrradwagen	Peine 7.35 – Lehrte 7.53 – Hannover Hbf 8.05 – Minden 8.53 – Löhne 9.18 – **Bielefeld Hbf 9.36**	6
7.24	RB 36967 Fahrradwagen	Fallersleben 7.42 – Wolfsburg 7.48 – Oebisfelde 7.58 – Gardelegen 8.23 – **Stendal 8.49**	4
7.34	RE 24246 Fahrradwagen	Peine 7.49 – Lehrte 8.06 – **Hannover Hbf 8.19**	3
7.51	IC 2134 Fahrradabteil	Hannover Hbf 8.23 Bremen Hbf 9.51 – **Oldenburg 10.24**	6
7.59	ICE 873 BordRestaurant	Hildesheim Hbf 8.24 – Göttingen 8.55 – Kassel-Wilhelmshöhe 9.15 – Fulda 9.45 – Hanau Hbf 10.28 – Frankfurt Hbf 10.45 – Mannheim Hbf 11.28 – Karlsruhe Hbf 11.58 – Offenburg 12.30 – Freiburg Hbf 13.02 – Basel Bad Bf 13.38 – **Basel SBB 13.46**	6
8.00			
8.00	ICE 974 BordRestaurant	Wolfsburg 8.16 – Berlin Zoo 9.16 – **Berlin Ostbahnhof 9.31**	7

Zeichenerklärung
BordTreff — Zug mit Fahrradwagen
BordRestaurant — Zug mit Fahrradabteil

④ Denkt euch eigene Aufgaben aus.

Ich fahre um 07:11 Uhr ab. Nach 2 h 20 min komme ich an. Wo steige ich aus? — Alina

Ich fahre um 06:59 Uhr ab und komme nach drei Stunden und 29 Minuten an. Wo steige ich aus? — Lena

Ich fahre 32 Minuten. Um 08:23 Uhr bin ich da. Wo bin ich losgefahren? — Max

W

⑤ a) 35,49 € 42,38 € 89,70 € 104,19 € | 6 12 25

212,94 € 254,28 € 425,88 € 508,56 €
538,20 € 625,14 € 887,25 € 1059,50 €
1064,73 € 1076,40 € 1250,28 € 2242,50 €
2604,75 €

b) 17,85 m 25,68 m 53,04 m 120,40 m | 4 15 38

71,40 m 102,72 m 212,16 m 267,75 m
385,20 m 481,60 m 602,00 m 678,30 m
795,60 m 975,84 m 1806,00 m 2015,52 m
4575,20 m

③ Zum Teil mehrere Lösungen.

Abfahrt DB Braunschweig Hbf

6 Wie heißt das Ziel?
a) Die 4 b der Löns-Schule fährt um 07:59 Uhr ab. Nach 56 Minuten ist sie am Ziel.
b) Herr Marten fährt mit dem RE um 07:34 Uhr. Nach 32 Minuten ist er am Ziel.
c) Familie Schnittger fährt um 08:00 Uhr ab. Nach 1 h 16 min ist sie da.

7 Wie lange dauert die Fahrt?
a) Abfahrt 06:59 Uhr nach Frankfurt

a) 6:59 —h— min→ 9:45

b) Abfahrt 07:19 Uhr nach Peine
c) Abfahrt 08:00 Uhr nach Berlin Ostbahnhof
d) Abfahrt 06:48 Uhr nach Minden
e) Abfahrt 06:59 Uhr nach München

8 Zwei Züge fahren nach Wolfsburg. Welcher hat die kürzere Fahrzeit?
Rechne beide Fahrzeiten aus.

9 a)

Abfahrt	08:15	08:35	09:20	10:45	10:55	11:10	11:25	12:05
Fahrzeit	45 min	45 min	45 min	1 h 20 min	1 h 20 min	2 h 50 min	55 min	59 min
Ankunft								

b)

Abfahrt								
Fahrzeit	35 min	35 min	35 min	1 h 10 min	1 h 30 min	2 h 15 min	55 min	59 min
Ankunft	13:40	13:55	14:05	14:15	14:45	15:10	15:20	15:50

10 Beschafft euch Abfahrtspläne des nächsten Bahnhofs. Stellt euch gegenseitig Aufgaben.

11 Von diesen Uhren geht nur eine richtig. Eine Uhr geht 20 min vor, eine Uhr geht 20 min nach und eine Uhr steht. Wie spät ist es?

12

Am Sonntag will ich um 06:48 Uhr von Gleis 6 abfahren. Wie viel Zeit brauche ich bis Dortmund?
Alina

Heute will meine Schwester um 07:51 Uhr von Gleis 6 abfahren. Wie viel Zeit braucht sie bis Bremen?
Anne

Ich muss 2 h 21 min fahren. Um 10:45 Uhr komme ich an. Wo bin ich losgefahren?
Tobias

W

13

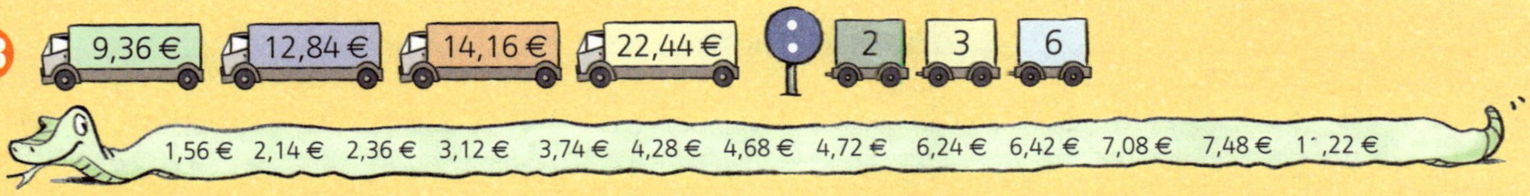

10 Aktuelle Zugverbindungen unter www.bahn.de

1

Das Herz schlägt pro Minute 140-mal bei einem Baby, 60-mal bei einem Erwachsenen.

Die Fingernägel wachsen in einer Woche 1 mm.

Erwachsene **atmen** etwa 20-mal pro Minute im Schlaf und etwa 60-mal pro Minute nach einer großen Anstrengung.

Ungefähr 100 000 **Haare** hat ein Mensch. Ein Haar wächst in jedem Monat etwa 1 cm.

Wie oft schlägt das Herz eines Babys in einer Minute? Emily

Eine halbe Glatze hat 50 000 Haare. Wie viele Haare hat eine ganze Glatze? Lars

Wie lang wären meine Fingernägel, wenn man sie ein Jahr nicht schneiden würde? Malte

a) Lies und rechne.
b) Was möchtest du noch über den menschlichen Körper wissen? Sammle weitere Daten und rechne.

2 Untersuche:

a) Wie oft schlägt dein Herz?

Zeit	Herzschläge
1 min	
10 min	
1 h	
6 h	

b) Wie oft atmest du?

Zeit	Atemzüge
1 min	
1 h	
1 Tag	
1 Woche	

c) Wie oft kannst du auf einem Bein hüpfen?

Zeit	Hüpfen
10 s	
30 s	
1 min	
1 h	

3

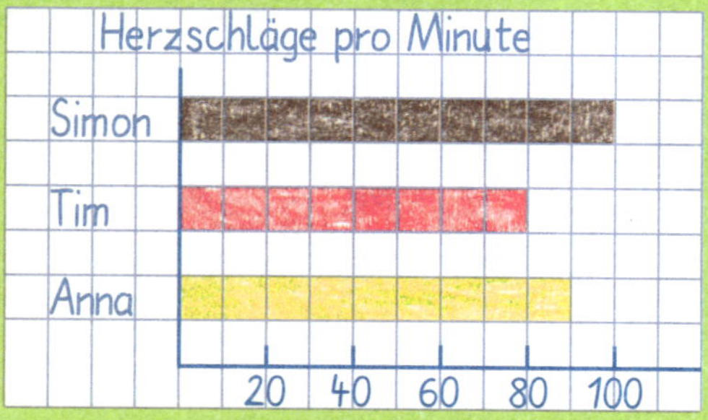

a) Wie oft schlägt das Herz von Simon, Tim und Anna in einer Minute?
b) Vergleicht die Herzschläge aller Kinder eurer Tischgruppe.
c) Rundet eure Zahlen auf volle Zehner. Zeichnet ein Balkendiagramm.

W

4

a) 25 · 4 + 20 · 5
15 · 4 + 12 · 5

b) 25 · 3 + 20 · 4
15 · 3 + 12 · 4

c) 25 · 2 + 20 · 3
15 · 2 + 12 · 3

d) 25 · 5 + 20 · 2
15 · 5 + 12 · 2

1 Internet und Sachbücher nutzen. 2 c) Rechnerisches und tatsächliches Untersuchungsergebnis vergleichen: Schafft man es wirklich, eine Stunde lang zu hüpfen?

Zeit – Schaubilder

1

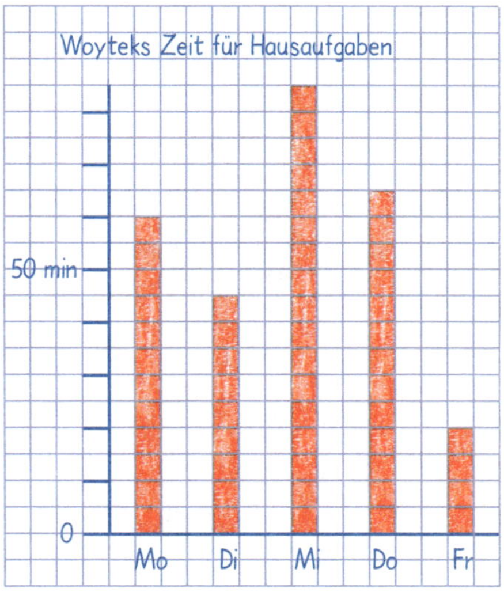

a) Beschreibe und erkläre.
b) Wie viel Zeit braucht Woytek für seine Hausaufgaben in einer Woche?
c) Wie viel Zeit brauchst du für deine Hausaufgaben in dieser Woche? Zeichne ein Schaubild.

2

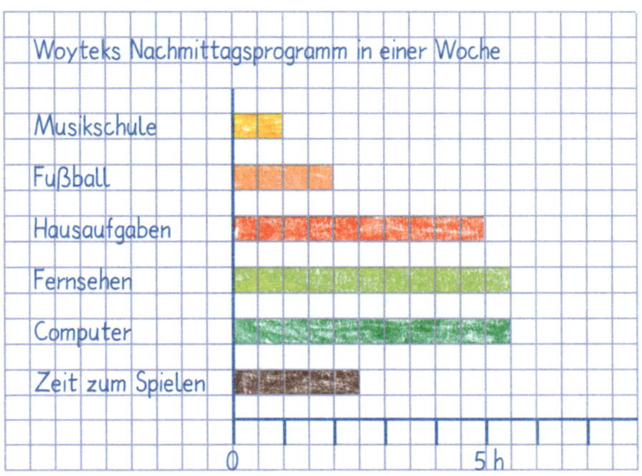

a) Vergleiche.
b) Wie lange dauert Woyteks Nachmittagsprogramm insgesamt in einer Woche?
c) Zeichne ein Schaubild mit deinem Nachmittagsprogramm.

3 Zeichne und ergänze die Tabelle.

	Januar	Februar
Schulfreie Tage		
Schultage		
Gesamt		

a) Wie viele Tage im Dezember sind schulfrei?
b) Welcher Monat gefällt dir am besten?
c) Wie viele Tage im Jahr musst du insgesamt zur Schule gehen?
d) Gibt es ein Bundesland, in dem die Kinder mehr Ferientage haben als in allen anderen Bundesländern?

Schulferien 2006	Weihnachten 2005/2006	Winter	Frühjahr/ Ostern	Himmelfahrt/ Pfingsten	Sommer	Herbst	Weihnachten 2006/2007
Baden-Württemberg	22.12.–5.1.	–	13.4.–22.4.	29.5.–10.6.	3.8.–16.9.	30.10.– 3.11.	27.12.– 5.1.
Bayern	27.12.–5.1.	27.2.– 3.3.	10.4.–22.4.	6.6.–17.6.	31.7.–11.9.	30.10.– 4.11.	27.12.– 5.1.
Berlin	22.12.–3.1.	30.1.– 3.2.	10.4.–21.4.	26.5	6.7.–19.8.	2.10.–14.10.	27.12.– 5.1.
Brandenburg	22.12.–3.1.	30.1.– 3.2.	12.4.–21.4.	26.5.	6.7.–19.8.	2.10.–14.10.	27.12.– 5.1.
Bremen	23.12.–6.1.	30.1.–31.1.	3.4.–18.4.	6.6.	20.7.–30.8.	16.10.–28.10.	23.12.– 6.1.
Hamburg	23.12.–6.1.	–	6.3.–18.3.	22.5.–27.5.	6.7.–16.8.	16.10.–28.10.	27.12.– 6.1.
Hessen	21.12.–7.1.	–	10.4.–22.4.	–	17.7.–25.8.	16.10.–28.10.	23.12.–12.1.
Mecklenburg-Vorp.	23.12.–3.1.	6.2.–18.2.	10.4.–19.4.	2.6.– 6.6.	10.7.–19.8.	23.10.–28.10.	27.12.– 5.1.
Niedersachsen	23.12.–6.1.	30.1.–31.1.	3.4.–18.4.	26.5. und 3.6.	20.7.–30.8.	16.10.–28.10.	23.12.– 6.1.
Nordrhein-Westfalen	24.12.–6.1	–	10.4.–22.4.	6.6.	26.6.– 8.8.	2.10.–14.10.	21.12.– 5.1.
Rheinland-Pfalz	22.12.–6.1	–	7.4.–21.4.	–	17.7.–25.8.	9.10.–20.10.	22.12.– 5.1.
Saarland	23.12.–7.1	23.2.– 1.3	10.4.–22.4.	–	17.7.–26.8.	18.10.–31.10.	21.12.– 6.1.
Sachsen	23.12.–2.1	13.2.–25.2	13.4.–21.4.	26.5.	24.7.– 1.9.	16.10.–27.10.	22.12.– 2.1.
Sachsen-Anhalt	23.12.–5.1	1.2.–10.2	10.4.–13.4.	26.5.– 2.6.	20.7.–30.8.	23.10.–30.10.	22.12.– 5.1.
Schleswig-Holstein	22.12.–4.1.	–	3.4.–18.4.	–	10.7.–19.8.	16.10.–30.10.	27.12.– 8.1.
Thüringen	23.12.–2.1.	6.2.–10.2.	10.4.–21.4.	3.6.– 6.6.	20.7.–30.8.	23.10.– 3.11.	23.12.– 5.1.

Angegeben ist jeweils der erste und der letzte Ferientag.

2006

	Januar	Februar	März	April	Mai	Juni
Wo	52 1 2 3 4 5	5 6 7 8 9	9 10 11 12 13	13 14 15 16 17	18 19 20 21 22	22 23 24 25 26
Mo	2 9 16 23 30	6 13 20 27	6 13 20 27	3 10 17 24	1 8 15 22 29	5 12 19 26
Di	3 10 17 24 31	7 14 21 28	7 14 21 28	4 11 18 25	2 9 16 23 30	6 13 20 27
Mi	4 11 18 25	1 8 15 22	1 8 15 22 29	5 12 19 26	3 10 17 24 31	7 14 21 28
Do	5 12 19 26	2 9 16 23	2 9 16 23 30	6 13 20 27	4 11 18 25	1 8 15 22 29
Fr	6 13 20 27	3 10 17 24	3 10 17 24 31	7 14 21 28	5 12 19 26	2 9 16 23 30
Sa	7 14 21 28	4 11 18 25	4 11 18 25	1 8 15 22 29	6 13 20 27	3 10 17 24
So	1 8 15 22 29	5 12 19 26	5 12 19 26	2 9 16 23 30	7 14 21 28	4 11 18 25

	Juli	August	September	Oktober	November	Dezember
Wo	26 27 28 29 30 31	31 32 33 34 35	35 36 37 38 39	39 40 41 42 43 44	44 45 46 47 48	48 49 50 51 52
Mo	3 10 17 24 31	7 14 21 28	4 11 18 25	2 9 16 23 30	6 13 20 27	4 11 18 25
Di	4 11 18 25	1 8 15 22 29	5 12 19 26	3 10 17 24 31	7 14 21 28	5 12 19 26
Mi	5 12 19 26	2 9 16 23 30	6 13 20 27	4 11 18 25	1 8 15 22 29	6 13 20 27
Do	6 13 20 27	3 10 17 24 31	7 14 21 28	5 12 19 26	2 9 16 23 30	7 14 21 28
Fr	7 14 21 28	4 11 18 25	1 8 15 22 29	6 13 20 27	3 10 17 24	1 8 15 22 29
Sa	1 8 15 22 29	5 12 19 26	2 9 16 23 30	7 14 21 28	4 11 18 25	2 9 16 23 30
So	2 9 16 23 30	6 13 20 27	3 10 17 24	1 8 15 22 29	5 12 19 26	3 10 17 24 31

4
a) (120 + 160) : 4
(160 + 200) : 4

b) (320 + 240) : 8
(480 + 160) : 8

c) (360 + 540) : 9
(270 + 360) : 9

d) (420 + 140) : 7
(350 + 210) : 7

3 Aktuelle Ferientermine auch unter www.kmk.org.

Zugvögel

Das **Rotschwänzchen** ist an seinem roten Schwanz zu erkennen.
Meistens zittert er.
Das Rotschwänzchen frisst gern Insekten, findet aber hier im Winter keine.
Deshalb fliegt es vor dem Winter nach Afrika.
Dort in der Steppe ist es schön warm, und es gibt viel zu fressen.

Das ist ein **Gartenrotschwänzchen.** Es ist nur im Sommer bei uns.

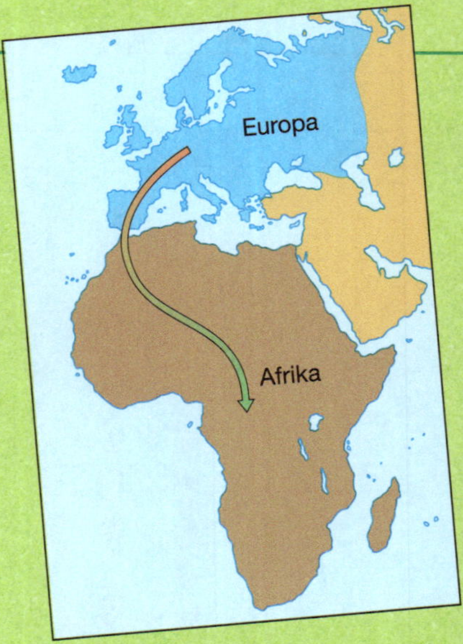

1 Im letzten Jahr kam das erste Rotschwänzchen am 18. April hier an.
Am 2. September flog es nach Afrika zurück.
Wie lange war es bei uns?

18. April bis 30. April	13 Tage
Mai	31 Tage
Juni	30 Tage

2

Beobachtung von Zugvögeln

	Ankunft	Wegflug
Weißstorch	20. März	07. September
Stieglitz	22. April	29. Oktober
Rauchschwalbe	17. April	10. September
Lerche	20. Februar	25. Oktober

a) Wie lange blieben die Vögel bei uns?
b) Wie lange sind die Vögel weg?

	JANUAR	FEBRUAR	MÄRZ	APRIL
M	6 13 20 27	3 10 17 24	3 10 17 24 31	7 14 21 28
D	7 14 21 28	4 11 18 25	4 11 18 25	1 8 15 22 29
M	1 8 15 22 29	5 12 19 26	5 12 19 26	2 9 16 23 30
D	2 9 16 23 30	6 13 20 27	6 13 20 27	3 10 17 24
F	3 10 17 24 31	7 14 21 28	7 14 21 28	4 11 18 25
S	4 11 18 25	1 8 15 22	1 8 15 22 29	5 12 19 26
S	5 12 19 26	2 9 16 23	2 9 16 23 30	6 13 20 27

	MAI	JUNI	JULI	AUGUST
M	5 12 19 26	2 9 16 23 30	7 14 21 28	4 11 18 25
D	6 13 20 27	3 10 17 24	1 8 15 22 29	5 12 19 26
M	7 14 21 28	4 11 18 25	2 9 16 23 30	6 13 20 27
D	1 8 15 22 29	5 12 19 26	3 10 17 24 31	7 14 21 28
F	2 9 16 23 30	6 13 20 27	4 11 18 25	1 8 15 22 29
S	3 10 17 24 31	7 14 21 28	5 12 19 26	2 9 16 23 30
S	4 11 18 25	1 8 15 22 29	6 13 20 27	3 10 17 24 31

	SEPTEMBER	OKTOBER	NOVEMBER	DEZEMBER
M	1 8 15 22 29	6 13 20 27	3 10 17 24	1 8 15 22 29
D	2 9 16 23 30	7 14 21 28	4 11 18 25	2 9 16 23 30
M	3 10 17 24	1 8 15 22 29	5 12 19 26	3 10 17 24 31
D	4 11 18 25	2 9 16 23 30	6 13 20 27	4 11 18 25
F	5 12 19 26	3 10 17 24 31	7 14 21 28	5 12 19 26
S	6 13 20 27	4 11 18 25	1 8 15 22 29	6 13 20 27
S	7 14 21 28	5 12 19 26	2 9 16 23 30	7 14 21 28

W

3 Rechne um in Millimeter.

a)	b)	c)	d)	e)
1 cm	5 cm 4 mm	1 m	1 m 10 cm 5 mm	1,60 m
5 cm	11 cm 2 mm	5 m	5 m 15 cm 6 mm	5,34 m
9 cm	78 cm 3 mm	$\frac{1}{2}$ m	9 m 43 cm	0,80 m
19 cm	120 cm 9 mm	$1\frac{1}{2}$ m	8 m 20 cm 7 mm	0,03 m
25 cm	385 cm 5 mm	$3\frac{1}{2}$ m	10 m 50 cm	10,55 m

4
a) 17,300 km + 0,450 km + 3,750 km
b) 104,750 km + 17,750 km + 1,750 km
c) 99,900 km + 9,090 km + 0,909 km
d) 0,800 km + 105,100 km + 10,510 km
e) 10,000 km – 3,700 km – 0,370 km
f) 150,000 km – 15,000 km – 1,500 km
g) 35,800 km – 3,580 km – 0,580 km
h) 155,500 km – 15,550 km – 1,555 km

5,930 km	21,500 km
31,640 km	109,899 km
116,410 km	123,395 km
124,250 km	133,500 km
138,395 km	

5

a)	b)	c)	d)
___ · 3 = 210	5 · ___ = 30 000	7 · ___ = 280 000	2 700 : ___ = 30
___ · 4 = 3 600	9 · ___ = 5 400	6 · ___ = 4 800	42 000 : ___ = 6
___ · 8 = 48 000	6 · ___ = 1 800	9 · ___ = 720	560 000 : ___ = 7 000
___ · 7 = 420	8 · ___ = 560	4 · ___ = 40 000	300 : ___ = 30

1 Informationen über Zugvögel auch im Internet sammeln.

Zum Knobeln

1 1, 1, 2, 3, 5, 8, 13, 21, …

Forschungsauftrag

Findest du die **Regel**? Setze fort.

2 Setze die Folgen nach dieser Regel fort. Schreibe weitere fünf Zahlen.

a) 2, 2, 4, … b) 3, 3, 6, … c) 5, 5, 10, … d) 10, 10, 20, …
e) 3, 4, 7, … f) 5, 6, 11, … g) 7, 8, 15, … h) 9, 10, 19, …
i) 19, 20, 39, … j) 49, 50, 99, … k) 99, 100, 199, … l) 100, 101, 201, …

3 Jetzt mit größeren Zahlen. Wie weit kommst du?

a) 400, 400, 800, … b) 200, 400, 600, … c) 5000, 6000, 11000, …
d) 3000, 5000, 8000, … e) 1200, 1500, 2700, … f) 1100, 1400, 2500, …

4 Immer noch dieselbe Regel. Setze fort.

a) 1111, 1111, … b) 2222, 3333, … c) 9900, 10999, …
d) 10101, 20202, … e) 10222, 19888, … f) 11111, 28766, …
g) 12345, 23456, … h) 17464, 22536, … i) 13579, 24680, …

5 Erfinde eigene Folgen.

6 a)

Lege Stäbe um. Es entstehen vier gleich große Quadrate.

b)

Nimm zwei Stäbe weg. Es bleiben zwei Rechtecke.

c)

Lege drei Stäbe so um, dass sieben gleich große Quadrate entstehen.

d)

Lege zwei Stäbe um. Es entstehen zwei Rechtecke.

e)

Nimm zwei Stäbe weg. Dann bleiben zwei Quadrate.

f)

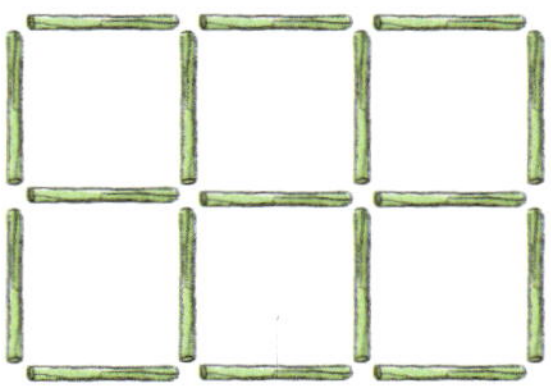

Nimm fünf Stäbe weg. Es bleiben drei Quadrate.

7 a)

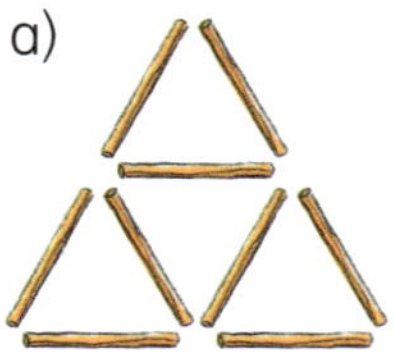

Nimm zwei Stäbe weg. Es bleiben zwei Dreiecke.

b)

Lege zwei Stäbe so um, dass vier Dreiecke entstehen.

c)

Lege zwei Stäbe um. Es entsteht ein Dreieck.

1 bis 4 Die Summe zweier nebeneinander liegender Zahlen ergibt die nächste Zahl. Diese Regel wurde von Leonardo von Pisa, genannt Fibonacci, entdeckt. Dieser italienische Kaufmann lebte um 1200.
6 e) und 7 a) Zwei ineinander liegende, nicht gleich große Figuren.

Das Tangram

1 Aus einem Quadrat entstehen die sieben Teile eines Tangrams.
Beschreibt die Flächen. Was fällt euch auf? Stellt selbst ein Tangram her.

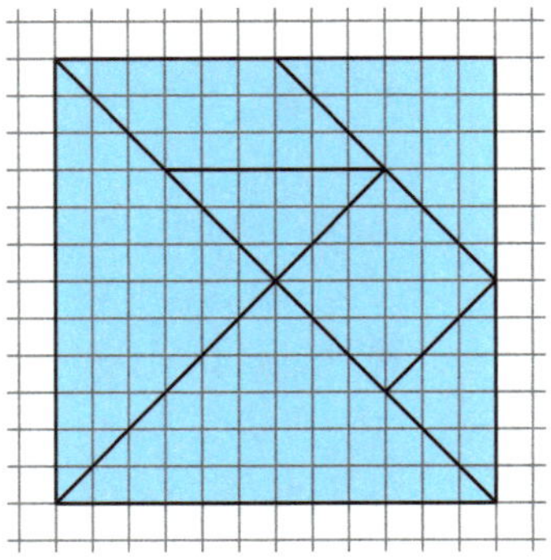

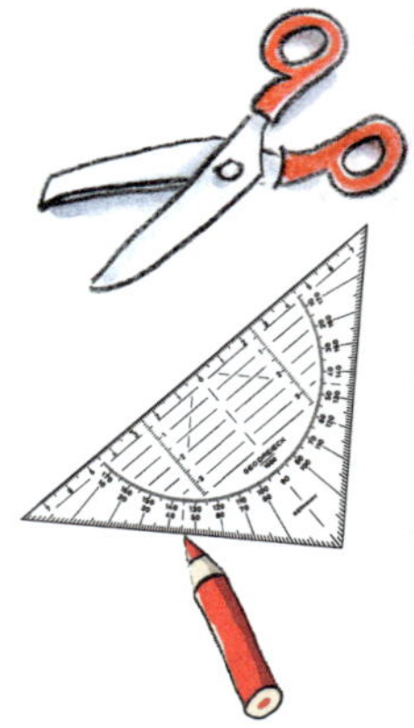

2 Für jede Figur musst du alle sieben Teile legen.

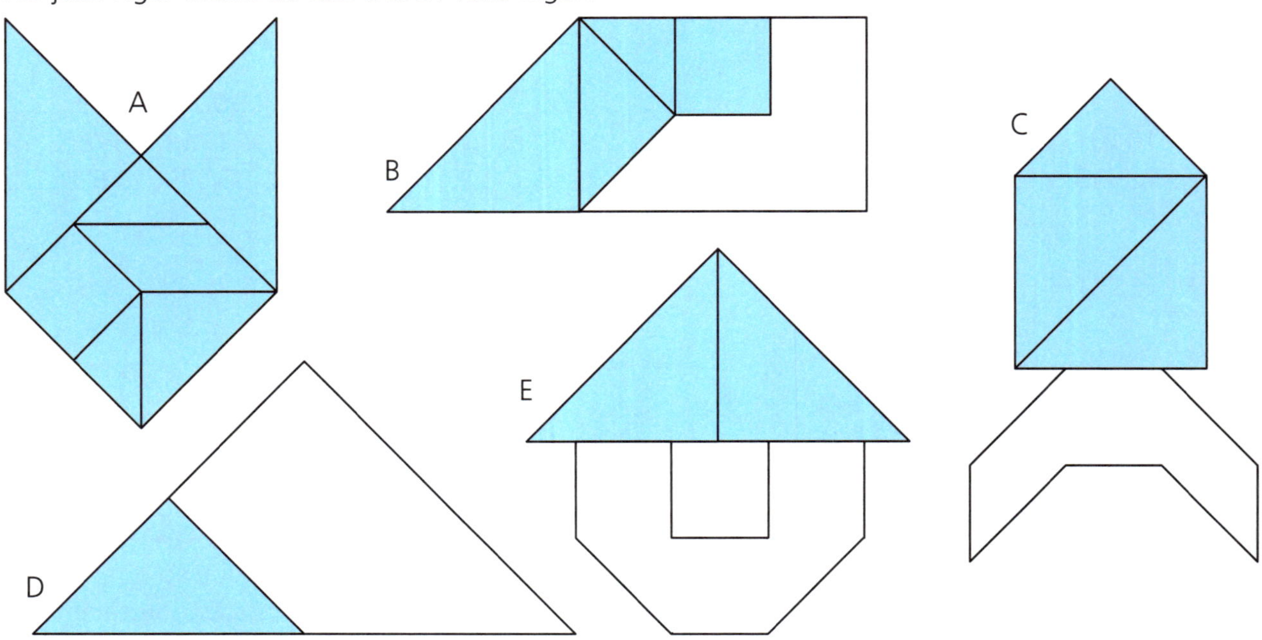

3 Lege die Figuren nach.

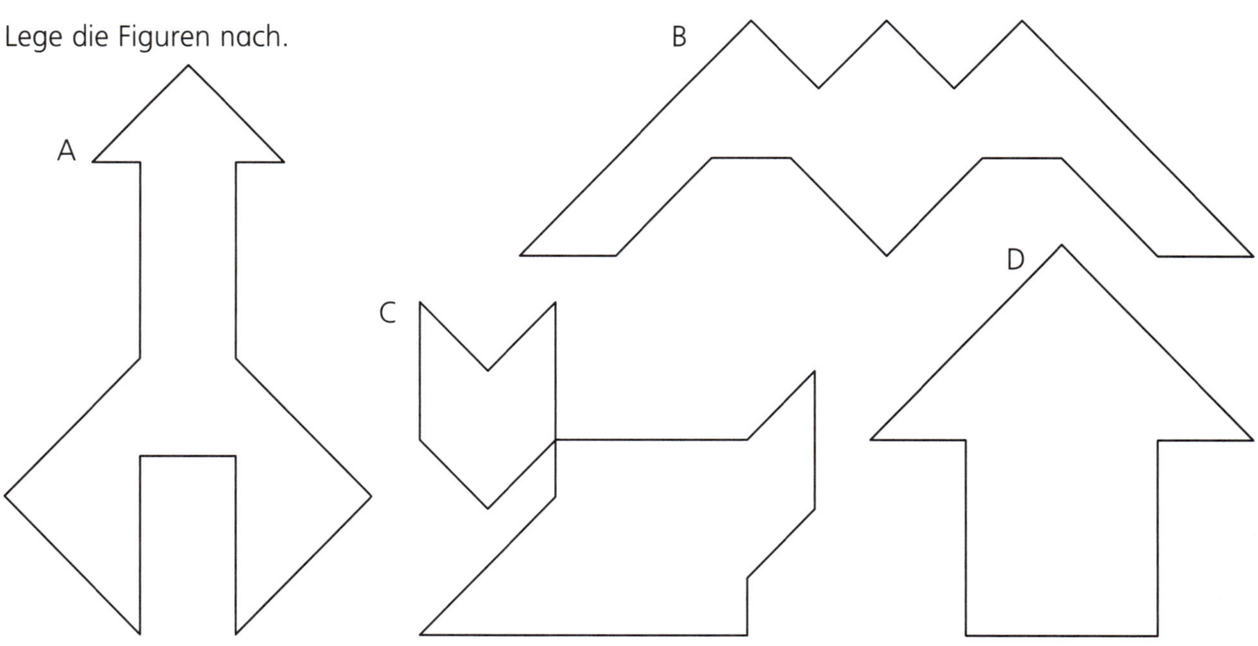

1 Partnerarbeit: Quadrat auf Karopapier vergrößern, auf Pappe kleben und Teile ausschneiden.
Evtl. aus Moosgummi herstellen.

Parkettieren

1

a) Zarina hat aus einem Quadrat diese Schablone hergestellt. Erkläre.

b) Wie ist ihr Bild damit entstanden?

2 Paul hat diese Schablone hergestellt. Wie ist er vorgegangen?

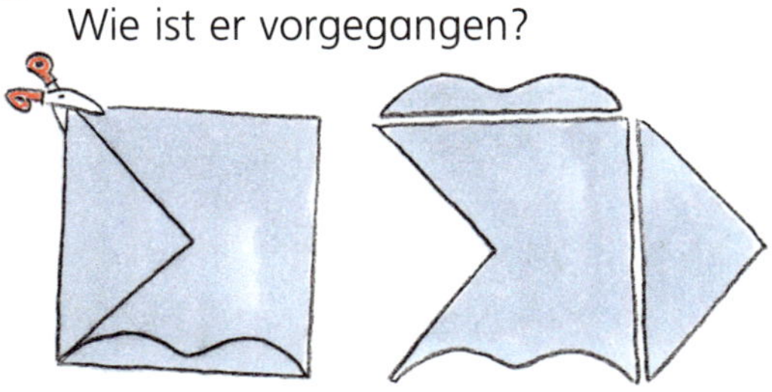

3 Erfinde eigene Schablonen. Zeichne damit ein Parkettmuster.

4 Auch aus anderen Vierecken lassen sich Schablonen herstellen.

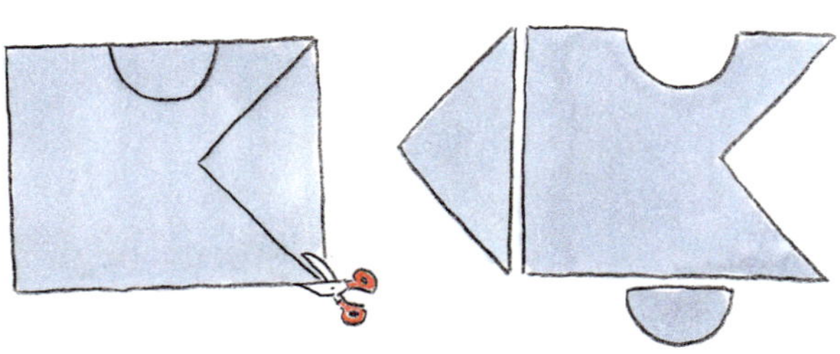

Zeichne ein Parkettmuster.

5 Zeichne diese Parkettmuster. Erfinde auch eigene Muster.

a)

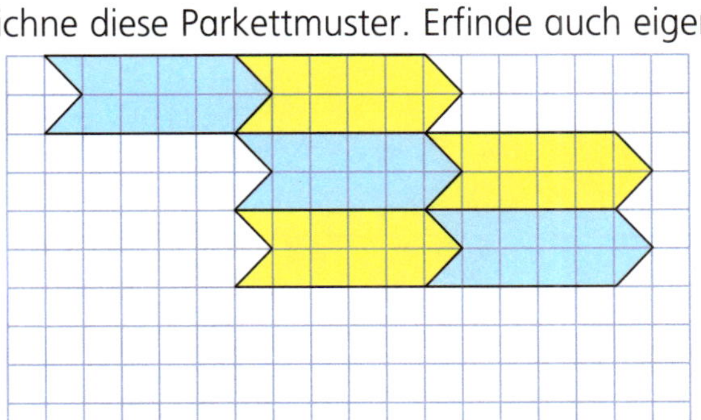

b)

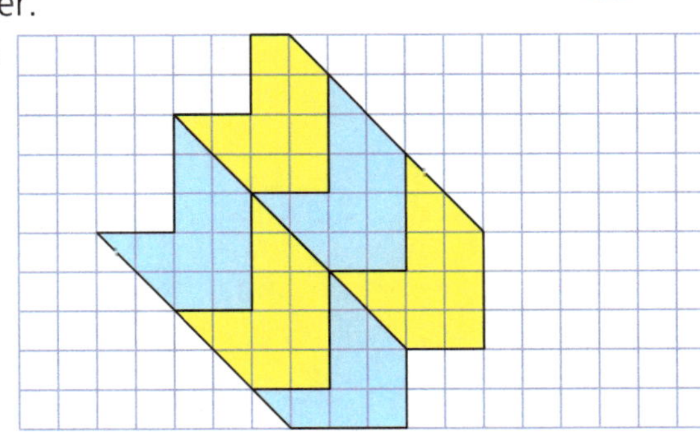

1 Fächerübergreifend die Bilder des Künstlers M.C. Escher einbeziehen.

1 bis **4** Schablonen aus Pappe herstellen.

Flächeninhalt und Umfang

1

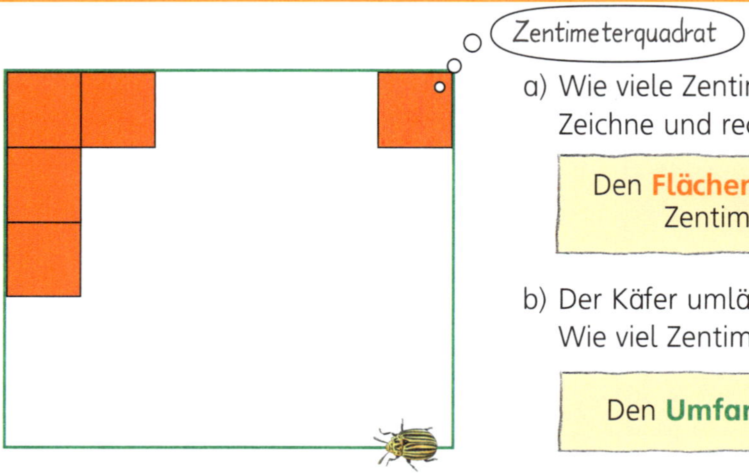

a) Wie viele Zentimeterquadrate passen in das Rechteck? Zeichne und rechne.

> Den **Flächeninhalt** misst man in Zentimeterquadraten.

b) Der Käfer umläuft das gesamte Rechteck. Wie viel Zentimeter legt er zurück?

> Den **Umfang** misst man in cm.

2 Zeichne die Figuren. Fülle sie mit Zentimeterquadraten.

A	Flächeninhalt	Zentimeterquadrate
	Umfang	cm

A

B

C

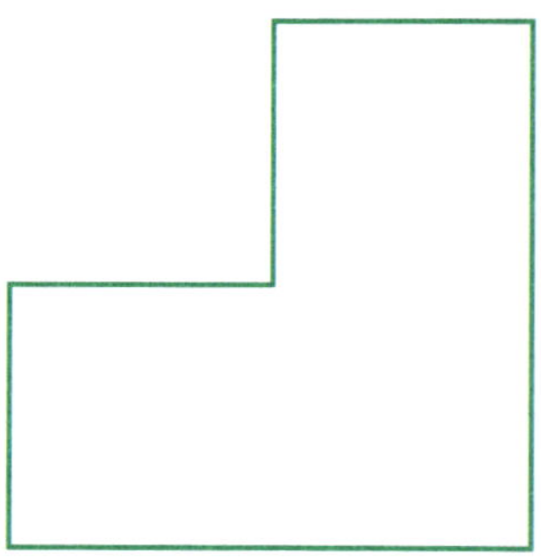

Wie groß sind jeweils Flächeninhalt und Umfang? Vergleiche. Was fällt dir auf?

3 zum Knobeln — Welche Figur aus 36 Zentimeterquadraten hat den kleinsten Umfang?

4 Tim und Lea wollen 28 quadratische Bilder aufhängen. Jedes Bild ist 20 cm breit und 20 cm hoch.

Rechenkonferenz

Welche Pinnwand ist geeignet? Begründet eure Antwort.

5 Der Hausmeister fertigt eine neue Pinnwand an.

a) Wie viel Zentimeter Holzleiste befestigt er auf dem Rand?

b) Wie viel Zentimeter Holzleiste müsste er haben, wenn jede Seite der Pinnwand 20 cm länger wäre?

Skizze:

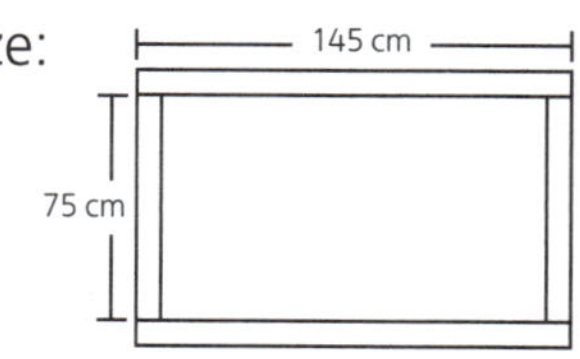

W

6 Zeichne die Strecken und schreibe die Längen in mm.

a)	b)	c)	d)	e)	f)	g)
3 cm	11 cm	17 cm	$2\frac{1}{2}$ cm	$9\frac{1}{2}$ cm	10 cm 3 mm	8 cm 8 mm
8 cm	14 cm	19 cm	$5\frac{1}{2}$ cm	$7\frac{1}{2}$ cm	15 cm 7 mm	4 cm 4 mm

2 Evtl. mit Zentimeterquadraten auslegen. Diff.: Weitere Figuren mit demselben Flächeninhalt finden.

Das Meterquadrat

1

Die Kinder zeigen ein **Meterquadrat.**
Erklärt.

a) Wie viele Kinder können wohl zusammen auf einem Meterquadrat stehen? Schätzt erst. Probiert es aus.

b) Wie viele Kinder können zusammen auf einem Meterquadrat sitzen? Schätzt und probiert.

2 Stellt aus Packpapier Meterquadrate her.
Legt und zeichnet auf dem Schulhof Flächen, die

a) fünf Meterquadrate groß sind.
b) sechs Meterquadrate groß sind.
c) zehn Meterquadrate groß sind.
d) zwölf Meterquadrate groß sind.
e) achtzehn Meterquadrate groß sind.

Skizze:

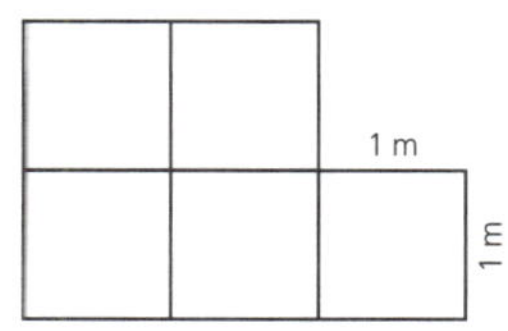

Findet verschiedene Möglichkeiten.

3 Überlegt, wie viele Meterquadrate wohl passen.
Bestimmt den Flächeninhalt

a) eures Klassenraums.
b) der Turnhalle.
c) eines Flures in der Schule.
d) eines Zimmers bei euch zu Hause.

Fertigt jeweils eine Skizze an.

Messen durch Auslegen.

4 Leon hat sein Zimmer mit einem Meterquadrat ausgemessen.
Es passte 16-mal hinein.
Wie lang und wie breit könnte das Zimmer sein?
Beurteilt die möglichen Formen.

Fertigt jeweils eine Skizze an.

5 Leas Zimmer:

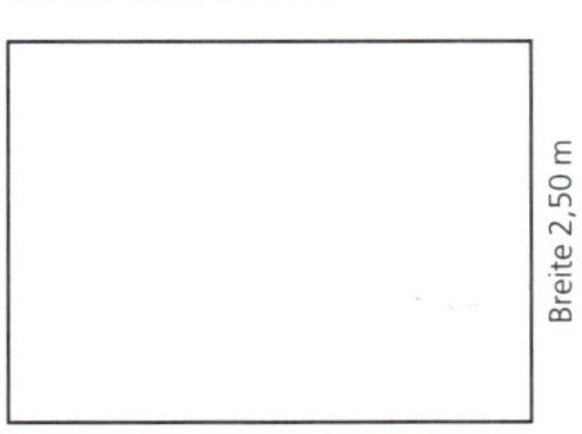

a) Das Zimmer ihres Bruders ist 50 cm schmaler und dafür 50 cm länger.
Sind beide Zimmer trotzdem gleich groß?
Begründe deine Antwort.

b) Was wäre, wenn das Zimmer ihres Bruders 50 cm breiter und 50 cm kürzer als Leas Zimmer wäre?
Begründe deine Antwort.

c) 

Leas Schwester behauptet: „Mein Zimmer ist doppelt so groß wie dein Zimmer, weil jede Seite doppelt so lang ist."

W

6 Rechne um. Findest du verschiedene Schreibweisen?

a) 275 cm	b) 500 mm	c) 950 m	d) 3 m 50 cm	e) 6 km 500 m	f) 10 km
35 cm	65 mm	12 m	10 m 5 cm	12 km 85 m	1 km 10 m

Vergrößern – Maßstab

1 a) Der Wassertropfen ist 10-fach vergrößert.

10 mm im Bild bedeuten 1 mm in Wirklichkeit.

__ mm __ mm

Vergrößerung		wirkliche Größe
10	zu	1

b) Diese Lupe vergrößert auf das Doppelte.

Erkläre.

in der Lupe		wirkliche Größe
2	zu	1

2 Der Kartoffelkäfer ist mehrmals vergrößert abgebildet.
Miss die Körperlängen und vergleiche immer mit der wirklichen Größe.

Wirkliche Größe

1 zu 1

__ zu 1

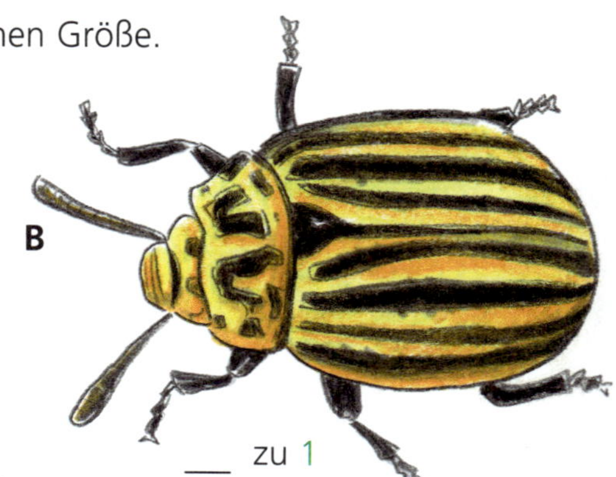

__ zu 1

__ zu 1

__ zu 1

3 Warum bildet man manche Dinge wohl größer als in Wirklichkeit ab?
Suche weitere Beispiele.

4 a) Zeichne die Figuren vergrößert, jede Linie doppelt so lang.

Deine Zeichnung ist dann im Maßstab 2 zu 1 vergrößert.

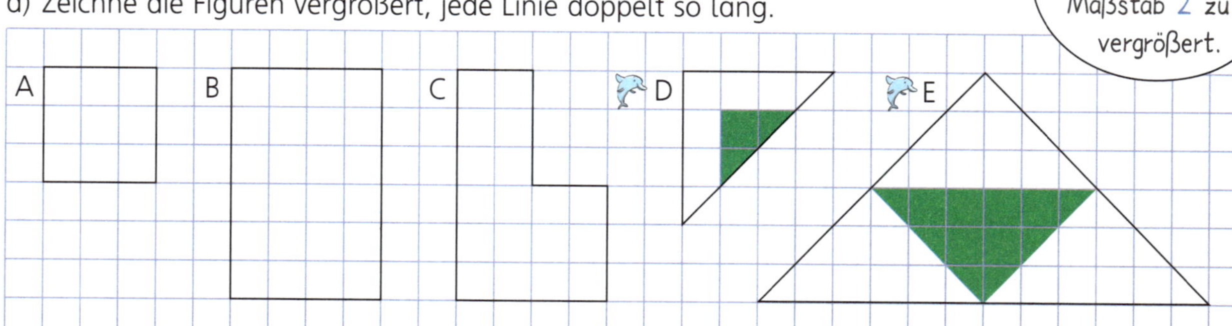

b) Zeichne jede Linie dreimal so lang (Maßstab 3 zu 1).

2 Körperlänge ohne Fühler messen.

Verkleinern – Maßstab

1 Wie lang und wie hoch sind die Tiere ungefähr?

Das Meerschweinchen ist in Wirklichkeit 10-mal so groß.

verkleinerte Abbildung – wirkliche Größe

1 : 10 (zu)

1 cm im Bild bedeutet 10 cm in Wirklichkeit.

Dieser Elefant ist in Wirklichkeit 100-mal so groß.

verkleinerte Abbildung – wirkliche Größe

1 : 100 (zu)

Der Dinosaurier war 300-mal so groß.

verkleinerte Abbildung – wirkliche Größe

1 : 300 (zu)

2 Wie lang sind die Tiere in Wirklichkeit?

Der Löwe im Maßstab 1 : 60

Der Blauwal im Maßstab 1 : 1 000

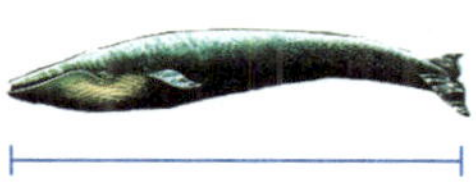

Das Nilpferd im Maßstab 1 : 100

Das Nashorn im Maßstab 1 : 100

Der Wolf im Maßstab 1 : 40

Das Nilkrokodil im Maßstab 1 : 200

3 Warum bildet man manche Dinge wohl kleiner als in Wirklichkeit ab? Suche Abbildungen. Schreibe auf, wie groß die Dinge in Wirklichkeit sind.

Deine Zeichnung ist dann im Maßstab 1 : 2 verkleinert.

4 a) Zeichne die Figuren verkleinert, jede Linie halb so lang.

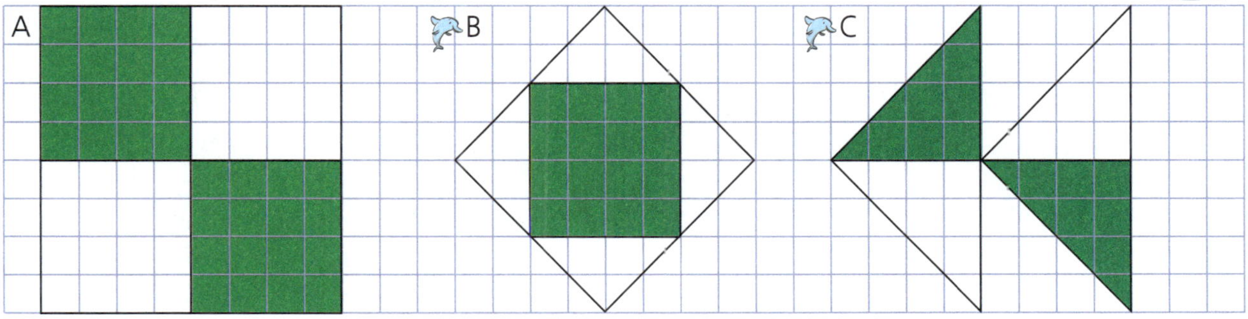

b) Zeichne jede Figur verkleinert im Maßstab 1 : 4.

Grundriss – Maßstab

1

Zeichnung		Wirklichkeit
1	:	200
	zu	

1 cm in der Zeichnung bedeutet 200 cm in Wirklichkeit.

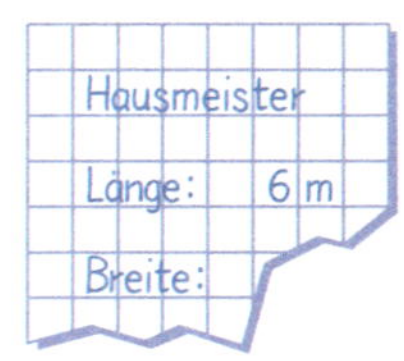

Das Erdgeschoss der Marktschule soll renoviert werden.
Die Handwerker brauchen die Maße.
Wie lang und wie breit sind die Räume in Wirklichkeit?

2 Berechne im Maßstab 1 : 200.

Zeichnung	4 cm	10 cm	20 cm	50 cm	100 cm	5 mm	10 mm	15 mm	100 mm
Wirklichkeit	800 cm								

3 Berechne im Maßstab 1 : 100.

Zeichnung	6 cm	8 cm	16 cm	$2\frac{1}{2}$ cm	25 cm				
Wirklichkeit	6 m					100 cm	50 cm	10 cm	1000 mm

4 a) Messt euren Klassenraum. Zeichnet im Maßstab 1 : 100.
b) Vergleicht die Größe mit anderen Klassenräumen.
c) Zeichnet auch Tische, Schränke und Regale ein.

5 Miss zu Hause einen Raum aus.
Zeichne den Grundriss im Maßstab 1 : 100 oder 1 : 50.

W

6 a) Ninas Lieblingszahl ist die **6**.
Sie multipliziert die Riesenzahl 12 345 679 mit **6**.
Danach multipliziert sie das Ergebnis mit **9**.

Die 8 muss fehlen.

b) Welche Zahl ist deine Lieblingszahl?
Multipliziere 12 345 679 mit deiner Lieblingszahl und dann das Ergebnis mit **9**.

7 a) 75 520 | 151 040 | : | 20 | 40 | 80

b) 35 400 | 283 800 | : | 50 | 25 | 15

4 Freihandzeichnung der Tische und Regale.
6 b) Die Lieblingszahl muss einstellig sein.

Der Stadtplan

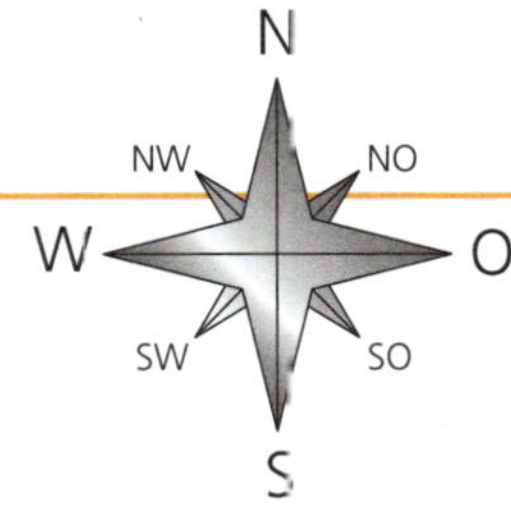

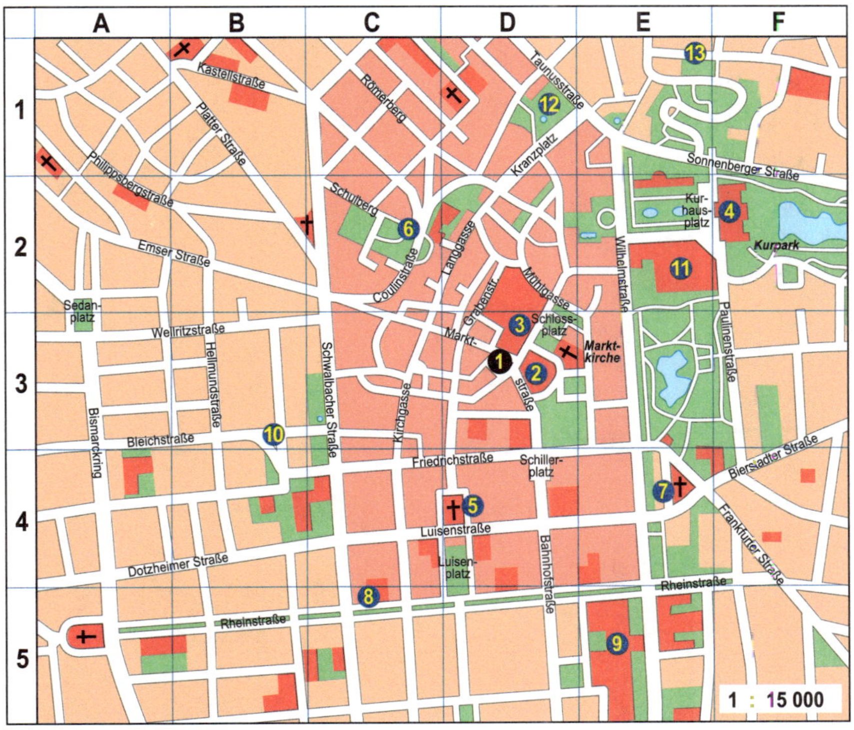

Wiesbaden

Hessische Landeshauptstadt

1. Marktbrunnen
2. Rathaus
3. Hessischer Landtag
4. Kurhaus
5. Kirche St. Bonifatius
6. Römertor
7. The Church of St. Augustine
8. Hessische Landesbibliothek
9. Rhein-Main-Hallen
10. Platz der Deutschen Einheit
11. Hessisches Staatstheater
12. Kochbrunnenplatz
13. Schöne Aussicht

1 Was siehst du auf dem Stadtplan? Erzähle.

2 Der Stadtplan ist in Planquadrate eingeteilt. In welchem Planquadrat findest du

a) das Rathaus?
b) das Kurhaus?
c) den Hessischen Landtag?

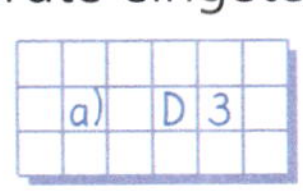

d) die englische Kirche St. Augustine?
e) die Hessische Landesbibliothek?
f) die Rhein-Main-Hallen?

3 In welcher Himmelsrichtung liegt vom Marktbrunnen aus

a) das Hessische Staatstheater?
b) der Kochbrunnenplatz?
c) die Schöne Aussicht?

d) der Platz der Deutschen Einheit?
e) die Kirche St. Bonifatius?
f) das Römertor?

4 Anna und Leon wollen die Stadt erkunden.
Der Stadtplan ist im Maßstab 1 : 20 000 gezeichnet.
1 cm auf der Karte bedeutet 20 000 cm in der Wirklichkeit.
Sie rechnen um und legen eine Tabelle an. Setze fort.

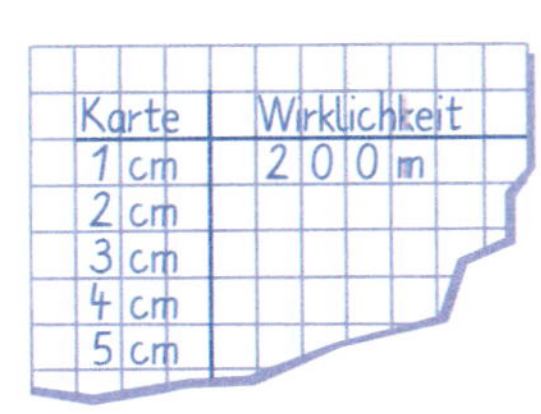

5 Die Kinder stehen am Marktbrunnen. Wie weit ist es in Wirklichkeit?
Miss und berechne den ungefähren Weg

a) bis zum Hessischen Landtag.
b) bis zu den Rhein-Main-Hallen.
c) bis zum Platz der Deutschen Einheit.
d) bis zum Kurhaus.
e) bis zum Römertor.
f) bis zur Schönen Aussicht.

6 Orientiere dich auf einem Stadtplan deines Wohnortes.

a) Wie weit wohnst du von der Kirche entfernt?
b) Wie weit ist dein Fußweg bis zur Schule?
c) Wie weit ist es bis zum Spielplatz?
d) Suche dir eigene Ziele.

5 Diff. (Partnerarbeit): Wege mit Hilfe der Planquadrate beschreiben.

Lieblingstiere – Daten sammeln und auswerten

Die Kohlmeise (Parus major)

Das Weibchen arbeitet für die Jungen besonders lange:
- 4 Tage Nest bauen
- 2 Wochen brüten
- 4 Tage die nackten Jungen wärmen
- 2 Wochen füttern (in der Höhle)
- 8 Tage füttern (im Freien)

Die Kohlmeise lebt in Wäldern und Gärten.
Sie ist die größte Meisenart Europas. Sie ist 14 cm lang (von der Schnabelspitze bis zur Schwanzspitze).
Im April baut das Weibchen in einer Höhle sein Nest aus Moos, Haaren und Halmen.

Im Sommer frisst eine Kohlmeise pro Woche ungefähr 2 100 kleine Raupen.

Sehr nützlich!

So fleißig füttern die Eltern:
In zwei Wochen bringen sie ungefähr 4000-mal Futter in die Höhle, jeweils etwa 1 g.

1 Erzähle und rechne.

2 In Lenas Meisenkasten sitzen fünf hungrige Junge.
Lena möchte wissen, wie viel Gramm Futter jedes Junge erhält, bis es das Nest verlässt.

4 000 g				

3 In der Gartenanlage „Grünau" leben etwa 20 Kohlmeisen.
Wie viele Raupen fressen sie wohl in einer Sommerwoche?

W

4 Setze die Aufgabenmuster fort.

a)
12 : 4
120 : 4
1 200 : 4
___

b)
10 : 5
100 : 5
1 000 : 5
___

c)
20 : 5
200 : 5
2 000 : 5
___

d)
9 : 3
900 : 3
90 000 : 3
___

e)
40 : 8
4 000 : 8
400 000 : 8
___

5 Zerlege große Zahlen.

starke Päckchen 2

a) **150 000**

5 ·
50 ·
500 ·
·
·

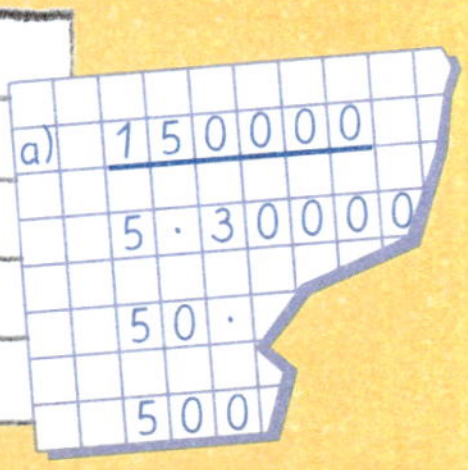

b) **300 000**

6 · 50 000
60 ·
600 ·

c) **320 000**

80 000 ·
8 000 ·
800 ·

d) **180 000**

3 ·
30 ·
300 ·

6 20 60 300 Verwende immer diese drei Zahlen.

zum Knobeln

a) 20 · 300 + □ = 6 060
b) □ · □ + □ = 1 500
c) □ · □ + □ = 18 020
d) □ · □ – □ = 900
e) □ · □ – □ = 5 940
f) □ · □ – □ = 17 980
g) □ · □ : □ = 900
h) □ · □ : □ = 100
i) □ · □ : □ = 4

Wandzeitungen zu den Lieblingstieren der Kinder zusammenstellen. Dazu Aufgaben schreiben.

7

FACHGESCHÄFT für den Reitsport

Reitkappe	61,50 €
Reithose	65,95 €
Reitstiefel	45,00 €
Putzzeug	17,90 €
Sattel	205,00 €
Halfter	40,50 €
Trense	33,50 €

Ein Pony

kostet 400 bis 3000 €.
Dazu kommen die Kosten für Sattel, Trense, Halfter und Putzzeug.

Ernährung im Winter

Das Pferd wird täglich dreimal gefüttert.
Insgesamt frisst es am Tag:
- 5 bis 6 kg Hafer
- genauso viel Heu
- 2 kg Äpfel, Karotten und Rüben

Es säuft täglich 20 l Wasser.

Pflegezeiten (täglich)

Putzen	20 min
Füttern	15 min
Bewegen	1 h
Ausmisten	15 min

Die Pferdezeitschrift erscheint 52-mal im Jahr. Jana kauft sich jede Woche ein Heft.

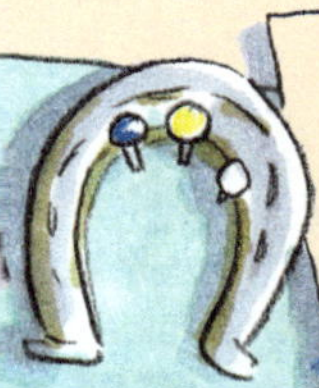

Ich wünsche mir eine neue Reithose, neue Stiefel und Putzzeug.
Lena

W

8 Setze fort.

a)
200 000 : 4
200 000 : 40
200 000 : 400

b)
400 000 : 5
400 000 : 50
400 000 : 500

c)
300 000 : 60 000
300 000 : 6 000
300 000 : 600

d)
500 000 : 50 000
500 000 : 5 000
500 000 : 500

9

a)

280 000
4 ·
400 ·
40 000 ·
7 000 ·
70 ·
7 ·

b)

360 000
9 ·
90 ·
9 000 ·
6 000 ·
60 ·
6 ·

c)

48 000
6 ·
600 ·
6 000 ·
8 000 ·
800 ·
8 ·

d)

270 000
90 ·
900 ·
90 000 ·
3 000 ·
300 ·
3 ·

10

a)	b)	c)	d)	e)
100 000 : 10	2 400 : 2	32 000 : 10	500 000 : 1	45 000 : 9
100 000 : 5	2 400 : 3	32 000 : 8	500 000 : 2	45 000 : 5
100 000 : 4	2 400 : 4	32 000 : 4	500 000 : 5	45 000 : 1
100 000 : 2	2 400 : 6	32 000 : 2	500 000 : 10	45 000 : 10
100 000 : 1	2 400 : 8	32 000 : 1	500 000 : 100	45 000 : 1 000

7 Partnerarbeit: Aufgaben stellen und lösen. 8 bis 10 Diese Aufgaben sollte jeder „im Schlaf" lösen können.

Biene und Hummel

1

Nur die **Königin** legt Eier – jedes Jahr etwa 120 000. Die Bienenkönigin wird etwa 4 Jahre alt.

Ein **Bienenvolk** baut etwa 20 Waben; jede Wabe hat fast 6000 Zellen.

Eine Biene saugt in 6 Sekunden eine Blüte leer. Sie arbeitet etwa 4 Stunden am Tag.

An einem Sonnentag sammeln 50 Bienen Nektar für 1 g Honig.

Stellt euch Aufgaben.

2

a) Die Hummelkönigin lebt nur ein Jahr. Sie legt ungefähr 120 Eier. Vergleiche mit der Bienenkönigin.

b) Im Nektarsammeln ist eine Hummel zehnmal so fleißig wie eine Biene. Wie viel g Nektar können 50 Hummeln an einem Tag sammeln?

c) In Tims Garten leben in einem Mauseloch rund 500 Erdhummeln. Wie viel g Nektar sammeln sie wohl an einem Tag?

d) Wie viel g Nektar würde ein Volk mit 100 Hummeln ungefähr sammeln?

Hummelkönigin

W

3

a) 500 000 ◯ 2 = 250 000
500 000 ◯ 2 = 1 000 000
500 000 ◯ 2 = 500 002
500 000 ◯ 2 = 499 998

b) 40 000 ◯ 5 = 40 005
40 000 ◯ 5 = 200 000
40 000 ◯ 5 = 8 000
40 000 ◯ 5 = 39 995

c) 200 000 ◯ 4 = 800 000
200 000 ◯ 4 = 50 000
200 000 ◯ 4 = 199 996
200 000 ◯ 4 = 200 004

4 Rechne geschickt.

a) 1 380 · 12 : 4
b) 4 890 · 48 : 6
c) 14 936 · 64 : 8
d) 5 852 · 35 : 7
e) 1 887 : 3 · 15
f) 12 702 : 6 · 42
g) 6 633 : 9 · 45
h) 43 485 : 5 · 45
i) 12 420 : 30 · 5
j) 8 650 : 20 · 4
k) 12 216 : 15 · 5
l) 612 : 12 · 3

153 416 1730 2070 4072 4140 9435 29260 33165 39120 88914 119488 391365

5

a) 10 000 – 7 836 – 2 045
b) 10 000 – 1 418 – 4 535
c) 100 000 – 845 – 936
d) 100 000 – 72 560 – 5 230
e) 9 013 – 5 255 – 1 048
f) 8 428 – 1 416 – 2 005
g) 6 876 – 878 – 3 988
h) 17 995 – 2 305 – 577
i) 4 013 + 5 246 – 5 042
j) 3 918 + 1 817 – 967
k) 6 730 + 3 270 – 8 922
l) 57 575 + 2 425 – 3 266

119 1078 2010 2710 4047 4217 4768 5007 5113 15113 22210 56734 98219

1 Partnerarbeit.

1

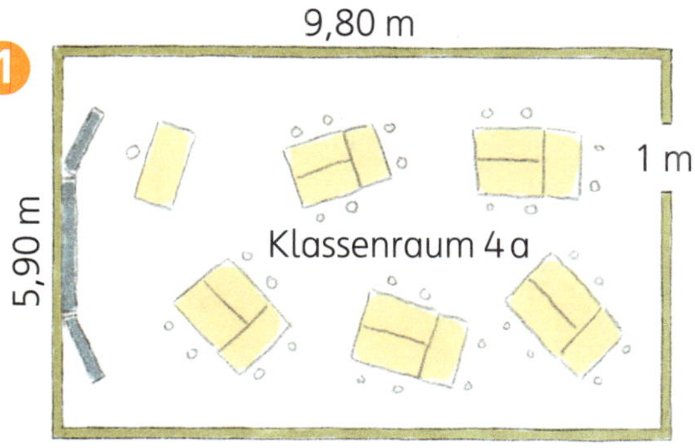

Drei Klassenräume sollen neue **Fußleisten** erhalten. Die Kinder haben ihre Räume ausgemessen.

a) Berechne den Leistenbedarf für den Raum der Klasse 4a.
Überlege, ob eine Überschlagsrechnung ausreicht. Begründe.

b) Der Klassenraum der 4b ist 90 cm breiter als der Klassenraum der 4a.
c) Der Raum der Klasse 4c ist 80 cm kürzer als der Raum der 4a.
Erkläre deine Lösungsschritte.

2 Die Kinder der Klasse 4d haben ausgerechnet, dass ihr Klassenraum 33 m Fußleiste braucht. Im OKA-Baumarkt gibt es 2,50 m lange Fußleisten, im Kühne-Baumarkt Fußleisten mit 4 m Länge. Welche würdest du kaufen? Begründe.

3 Die Backbleche der Schulküche sind innen 32 cm breit und 40 cm lang. Wie viele Kuchenstücke bekommen die Kinder jeweils von einem Blech? Eine Skizze kann dir helfen.

a) Die Klasse 4a schneidet den leckeren Streuselkuchen in Stücke von 8 cm Breite und 10 cm Länge.
b) Die Klasse 4b schneidet die Stücke nur halb so lang. Erkläre, wie du hier rechnest.
c) Die Klasse 4c schneidet 8 cm breite quadratische Stücke.

4 a) Zeichne immer zwei Dreiecke, die **gemeinsame Punkte** haben.
A 3 Punkte B 2 Punkte C 4 Punkte D 6 Punkte
b) Sind auch 7 gemeinsame Punkte möglich?
c) Wie viele gemeinsame Punkte können zwei Quadrate höchstens haben?
d) Überlege für zwei Fünfecke und zwei Sechsecke.

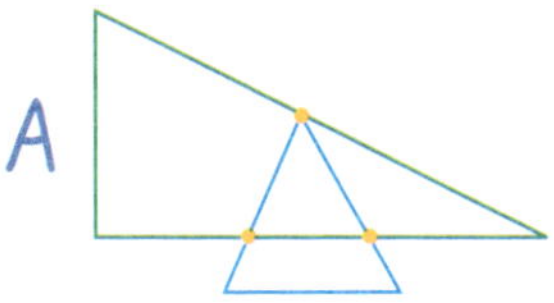

W

5

Erkennst du die Regel?

Vermute, welche Zahl zur letzten Platte gehören könnte. Überprüfe.

6

a) 10 m | 5 m | 20 m | – | 2,50 m | 4,99 m | $4\frac{1}{2}$ m | 25 cm | 7 cm

b) 10 € | 20 € | 100 € | – | 3,70 € | 7,98 € | 0,75 € | 46 ct | 4 ct

c) 5 kg | 10 kg | 20 kg | – | 4,800 kg | $2\frac{1}{2}$ kg | 1,647 kg | 975 g | 27 g

1

Welche Summe gewinnt? – Ein Spiel mit zwei Würfeln.

a) Vermutet zunächst, welche Karten **wahrscheinlich** gewinnen werden. Begründet.
b) Führt das Spiel mehrmals durch.

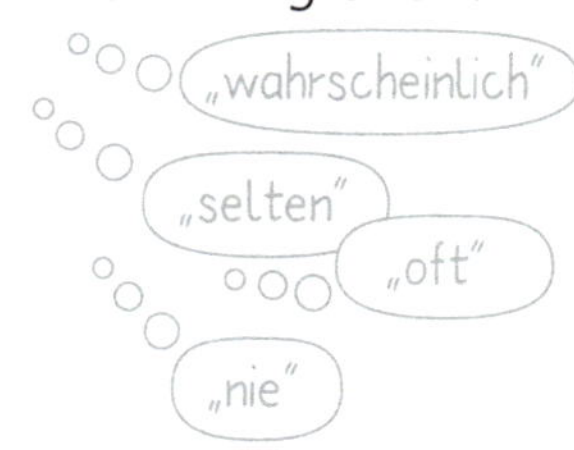

SPIELREGELN:
- Alle Karten mischen, an zwei bis vier Spieler verteilen.
- Jedes Kind legt seine Karten offen vor sich hin.
- Nach jedem Wurf entscheiden, wer einen Punkt erhält.
- Sieger ist, wer am Schluss die meisten Punkte hat.

c) Welche Summen wurden **häufiger** gewürfelt als die Summen 2 und 12? Woran liegt das?

2 Wie oft werden die Summen gewürfelt?
a) Würfelt 50-mal mit zwei Würfeln. Führt eine Strichliste. Was fällt euch auf?
b) Legt eine Tabelle für die möglichen Summen an. Begründet, warum bestimmte Summen **wahrscheinlicher** sind.
c) Zeichnet ein Schaubild zur Strichliste. Vergleicht Strichliste, Tabelle und Schaubild miteinander.
d) Welche Rolle spielt der **Zufall**?

Augensummen

	2	3	4	5	6	7	8	9	10	11	12
a)				II							
b)				3 + 2 1 + 4							

c)

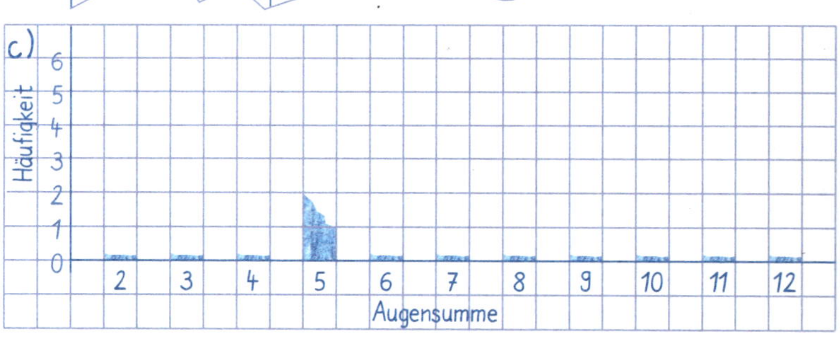

3 Welche Aussagen sind richtig?
„Mit zwei Würfeln

A erziele ich die Summe 2 selten."
B erziele ich die Summe 12 oft."
C erziele ich die Summe 14 nie."
D erziele ich die Summe 8 häufig."

E hat die Summe 7 die größte Wahrscheinlichkeit."
F hat die Summe 6 die kleinste Wahrscheinlichkeit."
G ist die Summe 9 doppelt so wahrscheinlich wie 11."
H ist die Summe 9 halb so wahrscheinlich wie 5."

Begründe deine Entscheidungen.

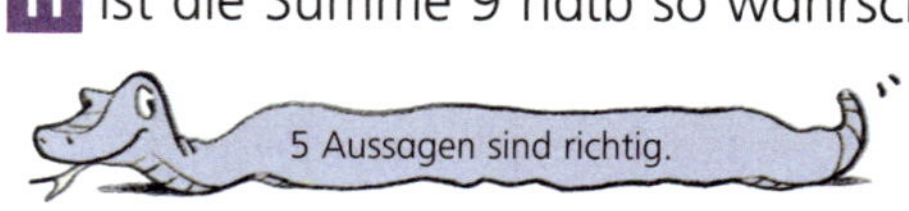

1 und 2 Diff.: Weitere Karten zum Spiel entwickeln; evtl. auch für drei Würfel.

1

a) Die Klasse 4a führt eine Verkehrszählung durch.
Drei Kinder zählen 15 Minuten lang an der Ringstraße.
Wie viele Pkws und wie viele Lkws haben sie gezählt? Vergleiche.

b) Charlotte meint: „Eben kamen zehn Pkws. Bald kommt **wahrscheinlich** ein Lkw."
Felix behauptet: „Nein, als nächstes kommt **mit Sicherheit** ein Lkw."
Simon sagt: „Nein, das hängt vom **Zufall** ab." Was meinst du?

c) Die Stadtverwaltung teilt mit, dass in jeder Vormittagsstunde rund 200 Kraftfahrzeuge durch die Ringstraße fahren.
Kannst du sagen, wie viele davon wahrscheinlich Lkws sind?

2

Die Verkehrszählung am Dienstag ergab:
Rund 200 Radfahrer und 400 Fußgänger.
In der ganzen Woche wurden hier 3000 Personen gezählt.
Wie viele waren wahrscheinlich Radfahrer?

3

Johanna und Leonie werfen eine Münze.
Viermal liegt die Zahl oben. Johanna meint: „Jetzt kommt bestimmt viermal die andere Seite, denn sie ist genauso wahrscheinlich wie die Zahl."

4 **Buchstabenrätsel:** Welcher Buchstabe steht für welche Ziffer?

a) Das gibt es nicht oft: Ich rechne mit einer Zahl, und erhalte dieselbe Zahl als Ergebnis.

E + E = E   E – E = E

A · A = A   A : A = A

b) Beim Addieren und beim Multiplizieren das gleiche Ergebnis – das geht nur mit einer bestimmten Zahl.

B + B = F   B · B = F

c) Hier kennen wir schon alle Ziffern.

B – B = E   B : B = A

d) Vier Ziffern sind uns schon bekannt.

FAB	DAF	CED	BEH
+ FAB	+ DBF	+ CCG	+ DEC
CBF	AEGC	AHCC	KAF

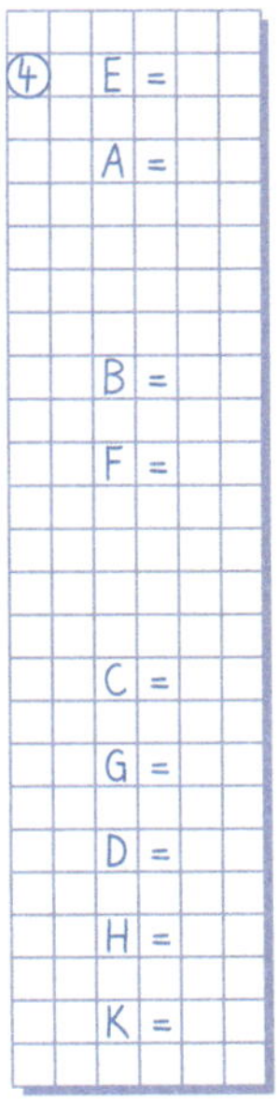

1 b) Zwei Kinder haben Recht. **1** c) und **2** Vom ausgezählten Zahlenverhältnis auf das wahrscheinliche Zahlenverhältnis in der Gesamtmenge schließen.

Wiederholung

1

Erzähle – frage – rechne – antworte.

2

ANKA
Jeden Tag
1 h Ausführen
$\frac{3}{4}$ h Spielen, Ansprechen
$\frac{1}{4}$ h Füttern
$\frac{1}{4}$ h Saubermachen

Wie viel Zeit nimmt Anka in Anspruch?

3 Multipliziere zwei Zahlen miteinander und subtrahiere die dritte Zahl.
Versuche eine möglichst kleine Zahl zu erreichen.

a) 30, 148, 650   b) 400, 76, 256   c) 398, 395, 397   c) 586, 585, 587

Kleinste Ergebnisse: 3790, 19056, 156417, 339423, 342223

4

a) oben: – ; Mitte: –, – ; unten: 9000, 10000, 1000
b) oben: – ; Mitte: –, – ; unten: 2500, 25000, 7500
c) oben: – ; Mitte: –, – ; unten: 6500, 65000, 600
d) oben: – ; Mitte: –, – ; unten: 7000, 75000, 13000
e) oben: 5000 ; Mitte: 2000, – ; unten: 1000, –, –
f) oben: 5000 ; Mitte: 3000, – ; unten: 1500, –, –
g) oben: 5000 ; Mitte: –, 2500 ; unten: –, –, 1500
h) oben: 5000 ; Mitte: –, 2600 ; unten: –, –, 1300

5 Wie viel Meter Zaun werden für diese Gärten benötigt?

a) 12,50 m   b) 21,50 m   c) 15,70 m; 18,30 m   d) 17,50 m; 28,40 m   e) 30 m; 2 m

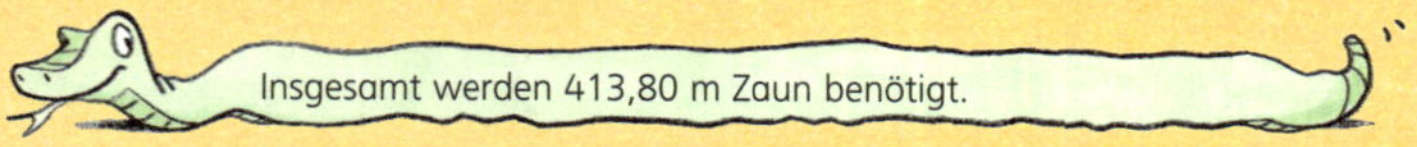

6 Wie heißt der Körper?

A Er hat 12 Kanten, 8 Ecken und 6 Quadrate.

B Er hat keine Ecken und keine Kanten.

C Er hat zwei gleich große Kreisflächen.

D Seine 6 Flächen sind Rechtecke.

E Er sieht von allen Seiten quadratisch aus.

F Er hat ein Quadrat und vier Dreiecke.

G Er hat eine Kreisfläche und eine Spitze.

H Er hat 5 Flächen, 6 Ecken und 9 Kanten.

Fachbegriffe:	addieren	subtrahieren	multiplizieren	dividieren
	5 + 7	12 – 7	3 · 6	18 : 3
	Summe	**Differenz**	**Produkt**	**Quotient**

2 Diff.: Auch den Zeitbedarf für eine Woche, einen Monat, ein Jahr berechnen.
6 Kopfgeometrie. Prüfen an Modellen.

Merkgrößen

Geld

1 Euro = 100 Cent

100 € = 10 · 10 €

Längen

2 Millimeter dick

1 Zentimeter = 10 mm

1 Meter = 100 cm

1 Kilometer = 1 000 m

Gewichte

2 Gramm

100 Gramm

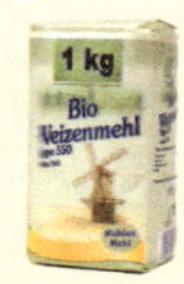

1 Kilogramm = 1 000g

1 Tonne = 1 000 kg

Zeit

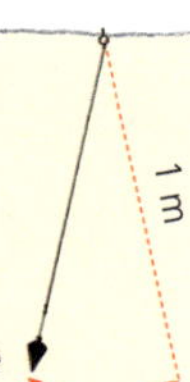

1 Sekunde

1 Minute = 60 s

1 Stunde = 60 min

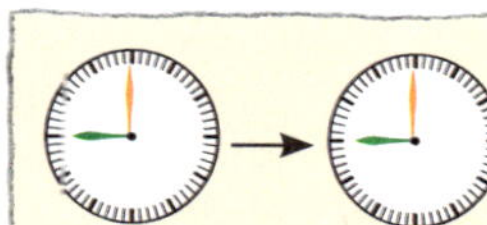

1 Tag = 24 h

Mo	Di	Mi	Do	Fr	Sa	So
1	2	3	4	5	6	7
8	9	10	11	12	13	14
15	16	17	18	19	20	21
22	23	24	25	26	27	28
29	30					

1 Woche = 7 Tage

Mo	Di	Mi	Do	Fr	Sa	So
1	2	3	4	5	6	7
8	9	10	11	12	13	14
15	16	17	18	19	20	21
22	23	24	25	26	27	28
29	30					

1 Monat ≈ 4 Wochen

1 Jahr = 365 Tage

**Raum-
inhalte**

2 Milliliter

$\frac{1}{4}$ **Liter** = 250 ml

1 Liter = 1 000 ml

10 Liter

**Flächen-
inhalt**

1 Zentimeterquadrat

1 Meterquadrat

Schreibe eigene Merksätze auf.

5 Gummibärchen wiegen ungefähr 10 g.

Das haben wir im 4. Schuljahr gelernt

Überschlagen

Können die Ergebnisse stimmen?
Prüfe mit einem Überschlag.

a) 64 328 + 31 697 + 25 317 = 148 342
b) 732 524 – 198 700 + 200 000 = 738 824
c) 3 700 – 308 · 12 = 4
d) 754 500 : 6 = 100 050

Zahlenfolgen

Erkennst du die Regeln?
Setze fort.

a) 1 250, 2 500, 3 750, …
b) 10 000, 9 900, 9 700, 9 400, …
c) 30, 90, 270, 810, …
d) 1 000 000, 500 000, 250 000, 125 000, …

Multiplizieren und Dividieren

a) 739 · 28
1 478 · 14

b) 8 424 · 662
16 848 · 331

c) 24 324 : 6
24 324 : 12

d) 14 400 : 15
14 400 : 30

Kontrolliere mit dem Taschenrechner.
Entdeckst du Zusammenhänge? Begründe.

Preistabelle

Menge	250 ml	$\frac{1}{2}$ l	1 l	2 l	2500 ml
Preis			0,76 €		

Umfang und Flächeninhalt

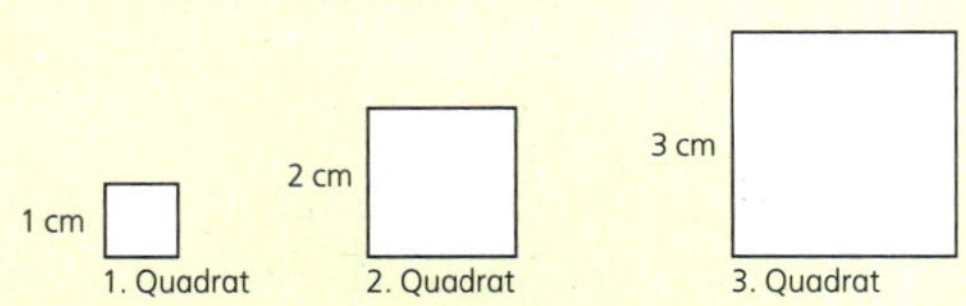

a) Welchen Umfang hat das 12. Quadrat?
b) Welchen Flächeninhalt hat es?

Teiler und Vielfache

12 17 24 35 56

a) Finde alle Teiler.
b) Schreibe jeweils drei Vielfache auf.

Sachrechnen

Die Lkws der Spedition „Hin-und-Weg" dürfen 5 t Fracht laden, die Lkws der Spedition „Stark" 6 t.
Wie viele Lkws werden jeweils benötigt, um 120 Paletten Papier zu transportieren?
Jede Palette wiegt 300 kg.

Netze

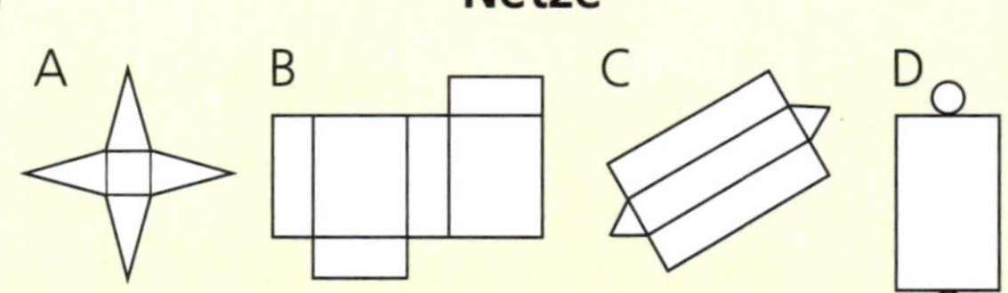

Welche Körper kann man aus diesen Netzen falten?

Säulendiagramm

Erkläre und beschreibe.

Kann das stimmen?

Pia behauptet:
„Ich hatte im 4. Schuljahr 182 Schultage, an jedem Tag 5 Unterrichtsstunden.
Das waren zusammen fast 41 000 Minuten oder fast 1 Million Sekunden Unterricht."